AF341523

HISTOIRE ET LÉGENDES

DES PLANTES

UTILES ET CURIEUSES

PAR

J. RAMBOSSON

ANCIEN RÉDACTEUR EN CHEF DE LA *Science pour tous*
ANCIEN PRÉSIDENT DE LA CLASSE DES SCIENCES DE LA SOCIÉTÉ DES ARTS, SCIENCES
ET BELLES-LETTRES DE PARIS

OUVRAGE ILLUSTRÉ

De vingt planches dessinées par Foulquier, Freeman, Gerlier et Lancelot
gravées par Huyot
et de cent vignettes insérées dans le texte

PARIS

LIBRAIRIE DE FIRMIN-DIDOT ET Cᴵᴱ

IMPRIMEURS DE L'INSTITUT

RUE JACOB, 56

OUVRAGES DE M. J. RAMBOSSON

**Les Lois de la vie et l'Art de prolonger ses jours. 1 vol. in-8°.
— Paris, librairie Didot.**

Principales divisions de cet ouvrage : De la vie et de ses principales lois ; du spiritualisme et du matérialisme ; de la durée de la vie humaine ; des moyens de prolonger ses jours ; des aliments, de leur influence sur le physique et sur le moral, des lois qui régissent l'alimentation ; de l'influence du sol et des causes météorologiques sur l'homme ; de l'hérédité chez les plantes, chez les animaux et chez l'homme ; des alliances consanguines, des premiers débuts de la vie, de la mortalité des nouveaux-nés ; de la vieillesse et de la mort au point de vue hygiénique et philosophique ; des inhumations précipitées et des moyens de les prévenir, etc., etc.

L'homme, soit au physique, soit au moral, est l'objet de l'étude favorite et spéciale de toute la vie, de l'auteur ; il expose dans cet ouvrage des points de vue nouveaux et donne sur chaque sujet, outre ses observations personnelles les plus récentes découvertes de la science.

**Les Pierres précieuses et les principaux ornements. 1 vol.
grand in-8° raisin. Broché, 6 fr.; cart. tr. dorée, 8 fr.; relié tranche
dorée, 10 fr. — Paris, librairie Didot.**

Cet ouvrage contient les notions les plus curieuses et les plus variées sur la formation des pierres précieuses : le *diamant*, le *rubis*, l'*émeraude*, le *saphir*, la *topaze*, l'*opale*, la *turquoise*, l'*améthiste*, la *tourmaline*, le *grenat*, le *lapis-lazuli*, l'*agate*, etc. Il initie au secret des trésors que nous offre le sein des mers : la *nacre*, la *perle*, le *corail* ; il expose les notions les plus intéressantes et les plus utiles à connaître sur l'*ambre*, le *jais*, l'*ivoire*, l'*or*, l'*argent*, le *platine*, l'*aluminium*, et se termine par l'histoire succincte des principaux ornements. Rien de ce qui peut plaire en instruisant n'a été oublié : faits scientifiques, curieux, anecdotiques, etc., etc.

**Histoire et légendes des Plantes utiles et curieuses. 1 vol.
gr. in-8° raisin, illustré de 187 gravures. Broché, 6 fr.; cart. tr.
dorée, 8 fr.; relié tr. dorée, 10 fr. — Paris, librairie Didot.**

Ce volume illustré, qui présente à chaque page l'utile et l'agréable, a sa place marquée dans toutes les bibliothèques des familles. « Ce magnifique volume, écrit M. Franck, de l'Institut, charme à la fois les yeux et l'intelligence et unit la science à la poésie. — C'est un ouvrage que l'on peut louer sans réserve, » dit M. Babinet.

Histoire des Météores et des grands phénomènes de la nature. 1 vol. gr. in-8° raisin, illustré de 90 gravures et de deux

planches chromolithographiques. Broché, 6 fr.; cartonné tranche
dorée, 8 fr.; relié tr. dorée, 10 fr. — Paris, librairie Didot.

L'*Histoire des Météores* présente au lecteur les connaissances les plus variées et les
plus généralement utiles. « C'est un beau et bon livre, dit M. Babinet (de l'Institut),
qui sera utile non-seulement aux gens du monde, mais même aux savants. — C'est un
magnifique volume, a dit M. Delaunay (de l'Institut), imprimé avec luxe, orné de superbes gravures, très-bien rédigé. En outre des données les plus récentes de la science,
l'auteur a mis à profit les observations personnelles qu'il a faites en parcourant une
grande partie de la surface du globe. »

Les Colonies françaises. Géographie, histoire, productions, ad-
ministration et commerce. 1 vol. in-8° de 652 pages, avec une carte
générale et 7 cartes particulières. Broché, 7 fr. 50; relié en
demi-chagrin, 9 fr. 25. Paris, librairie Delagrave.

Cet ouvrage a obtenu une mention honorable de l'Institut (Académie des sciences).
M. Bienaymé, de l'Institut, a dit dans son rapport sur ce livre : « Il y avait quelque
courage à faire toutes les recherches nécessaires pour offrir un tableau exact de nos
colonies, si peu connues, même du public instruit. Géographie, histoire succincte, admi-
nistration, documents financiers, commerciaux surtout; culture et production spé-
ciales, mouvements et importance de la navigation, des pêches, etc., etc., M. Rambos-
son n'a oublié aucune des faces de son sujet... Il y a pour le lecteur un intérêt
réel à parcourir ce Manuel colonial. C'est au reste le premier de ce genre... » (Académie des sciences. Concours de l'année 1868.) « Ce livre est un ouvrage capital, qui
ne laisse rien à désirer sur un sujet qui peut lui-même être aussi appelé capital... Nous
étions dans l'impossibilité d'être convenablement renseignés sur nos colonies avant la
publication de ce livre. » (*Les Mondes scientifiques*, 12 mars 1868, M. l'abbé Moigno.)
Cet ouvrage est adopté par la Commission officielle près le ministère de l'Instruction publique pour toutes les bibliothèques scolaires.

Les Astres, ou Notions d'Astronomie pour tous. — 1 vol. in-18 jésus,
1 fr. 25 c. Paris, librairie Albanel.

Ouvrage adopté par la Commission officielle près le ministère de l'Instruction publique pour toutes les bibliothèques scolaires, et couronné par la Société pour l'enseignement élémentaire.

Le Langage mimique comme langage universel. (*Épuisé.*)

Ouvrage couronné par la *Société des arts, sciences et belles-lettres* et par la *Société
des sciences industrielles de Paris.*

La Science populaire, ou Revue du progrès des connaissances et
de leurs applications. 7 volumes, ensemble 17 fr.

Ouvrage adopté par la Commission officielle près le ministère de l'Instruction publique pour toutes les bibliothèques scolaires.

HISTOIRE ET LÉGENDES

DES PLANTES

UTILES ET CURIEUSES

Typographie Firmin Didot. — Mesnil (Eure).

Fig. 19. — Ananas (page 53).

HISTOIRE ET LÉGENDES

DES PLANTES

UTILES ET CURIEUSES

PAR

J. RAMBOSSON

LAURÉAT DE L'INSTITUT (ACADÉMIE DES SCIENCES)
OFFICIER D'ACADÉMIE
ANCIEN PRÉSIDENT DE LA CLASSE DES SCIENCES DE LA SOCIÉTÉ DES ARTS, SCIENCES
ET BELLES-LETTRES DE PARIS

OUVRAGE ILLUSTRÉ DE 187 GRAVURES SUR BOIS

———

TROISIÈME ÉDITION

AUGMENTÉE DE NOTIONS ÉLÉMENTAIRES DE BOTANIQUE

———

PARIS

LIBRAIRIE DE FIRMIN DIDOT FRÈRES, FILS ET Cⁱᵉ

IMPRIMEURS DE L'INSTITUT, RUE JACOB, 56

1871

AU LECTEUR.

Chose étrange! si l'on jette un coup d'œil sur les ouvrages qui traitent des plantes, ouvrages qui semblent prêter un côté si favorable aux choses intéressantes, on n'y trouve en général que des descriptions, des nomenclatures sèches et arides : on dirait des ouvrages faits exprès pour dégoûter de la science.

Ce sont des livres d'histoire qui ne donnent que des dates et des généalogies : rien, en effet, ne ressemble plus à cela que les classifications et les nomenclatures dont nous parlons.

Nous sommes loin d'en faire un crime à leurs auteurs, nous sommes loin même d'en faire une critique : leur but et le nôtre sont différents, voilà tout.

Au lieu de ces classifications et de ces nomenclatures peu attrayantes, dont l'étude est sans doute d'une nécessité incontestable aux botanistes de profession, mais qui est complétement superflue pour un amateur ou un homme du monde, nous nous sommes proposé de faire en quelque sorte la biographie du règne végétal, c'est-à-dire de choisir les principaux sujets qui nous présentent des faits intéressants, de même que le biographe choisit les hommes illustres dont la vie est un enseignement.

A qui servent les classifications, les nomenclatures sans fin? — Uniquement au spécialiste qui veut faire sa carrière de l'étude des plantes; pour tout autre, elles surchargent la mémoire au préjudice des choses utiles; elles mettent le trouble, la confusion dans les idées, et finissent par dégoûter de la science.

A qui sert l'étude des plantes comme nous l'entendons?

Pour tous, c'est non-seulement une étude, mais aussi une récréation agréable et utile. — Toutes les facultés intellectuelles, et même les facultés morales, y trouvent un exercice salutaire.

Nous avons voulu donner, non pas ce qui peut servir au savant seulement, mais ce qui convient à tout le monde.

Depuis bien des années nous cherchions avec amour, nous glanions partout les faits utiles ou curieux qui ont rapport aux plantes; et cela pour notre propre satisfaction, sans songer à les publier.

Et lorsque ces matériaux ont été assez considérables pour en composer un livre, nous nous sommes dit : Pourquoi ne ferions-nous pas profiter de nos recherches ceux qui pourraient avoir le même désir?

Peut-être serions-nous ainsi agréable à la jeunesse, qui trouverait dans cet ouvrage quelques roses sans épines, de la science sans travail, une gracieuse image de ses jours heureux et brillants.

Et l'homme mûr, s'il est sensible et intelligent, que n'apprendra-t-il pas dans les enseignements que nous présente la végétation? Il verra avec émotion se dérouler en tableaux animés quelques-uns des mystères de la vie, en repassant cette partie des sciences qui présente le plus d'applications journalières.

L'enfant insouciant et l'aïeul à la tête tremblante, qui lui apprend à épeler le grand livre de Dieu, y trouveront l'un et l'autre quelques charmes; un langage mystérieux y enseignera à l'un l'avenir, et rappellera à l'autre le passé.

Il plaira au littérateur et au poëte, nous sommes-nous dit, car ils aiment à puiser chez les plantes leurs plus touchantes et leurs plus belles métaphores.

Le savant même ne sera pas fâché de trouver réunis dans un volume relativement peu considérable des faits dispersés dans des milliers d'ouvrages.

Pendant nos nombreux et lointains voyages, dans la mer des Indes principalement, nous avons été à même de faire des observations personnelles sur la végétation luxuriante des riches contrées tropicales, ce qui nous a permis d'ajouter quelque obole au trésor de nos devanciers. On peut voir, entre autres, les chapitres qui ont rapport aux considérations générales sur les plantes, à l'ananas, à l'arbre du voyageur, au bambou, à la vanille, etc.

Des gravures, dont nos lecteurs pourront apprécier l'exactitude et la belle exécution, ajoutent un mérite de plus à l'intérêt de l'ouvrage.

Nous n'avons pas besoin de dire que cet ouvrage est écrit sans aucune prétention. Nous avons cherché à satisfaire notre curiosité, en réunissant de toutes parts les faits qu'il contient; nous y avons ajouté quelques souvenirs : voilà tout. Nous le relisons avec plaisir; et comme le goût de tous les hommes se ressemble par quelques points pour les productions de la nature, nous espérons que la curiosité du lecteur sera satisfaite aussi par quelques côtés en retournant ces pages, ou du moins qu'il ne les parcourra pas avec trop d'indifférence.

Il a fallu nous borner, par conséquent passer sous silence un grand nombre de plantes, même de celles avec lesquelles nous avons d'importantes relations, mais qui ne nous offrent pas de faits analogues à ceux qui ont déterminé notre choix.

Cependant nous avons jugé utile d'en donner le dessin lorsque l'occasion s'en est présentée; ainsi, au lieu de laisser une partie de page blanche à la fin des chapitres, nous y avons placé des gravures choisies avec soin, et dont la simple vue suffit pour faire reconnaitre les plantes qu'elles représentent. Si nous ne les avons pas accompagnées d'une description scientifique, c'est que cela aurait trop étendu le cadre de notre ouvrage : et d'ailleurs un célèbre botaniste a pu dire avec vérité : *Si peu que vaillent les dessins, ils donnent souvent du végétal une idée plus exacte que les phrases les plus claires et les plus nettes.*

Ellébore (Rose de Noël).

DES PLANTES

UTILES ET CURIEUSES

LES PLANTES.

Leur influence, leur enseignement, la nostalgie.

I

Un spectacle des plus grandioses, des plus enchanteurs et des plus vivifiants pour l'homme, c'est celui des vastes forêts.

Quelle harmonie ineffable et touchante murmurent les feuillages divers! Quel parfum suave ils prêtent à la brise qui les caresse! Que leurs frais ombrages ont de douceur et de charme!

Au sein des bois, il semble que la vie se purifie, que les passions se calment, que la fièvre s'éteint, que les pensées s'élèvent, que les sentiments s'agrandissent; on y sent mieux l'origine céleste de l'homme.

Tous les hommes supérieurs, tous les hommes doués de grandes facultés ont un attrait naturel et presque invincible pour la solitude, et surtout pour les grands bois.

Ces harmonies d'espaces libres, de douce lumière, d'ombres profondes ; les accords sans fin des feuilles frémissantes, les parfums aux mâles suavités, toute cette atmosphère de vibrations et de scintillement qui les environne et les pénètre, leur semble le reflet d'un monde mystérieux qu'ils entrevoient, qu'ils touchent presque et qui est à l'unisson des pensées, des sentiments dans lesquels ils aiment à se bercer.

C'est non-seulement les intelligences qui semblent lire dans l'espace les idées divines, qui aiment à s'égarer dans les sombreurs des vastes forêts ; les grands, les nobles cœurs frappés n'y trouvent pas moins de baume. La douce mélancolie dont ils s'y nourrissent et ce sentiment de la Divinité qui s'y fait sentir remplacent pour eux le charme des illusions déçues.

Il y a des régions privilégiées où tout ce qui s'exhale, tout ce qui entoure l'homme, est propre à nourrir, à développer la vie physique et même la vie morale.

Un génie bienfaisant semble y veiller au salut de l'humanité et prendre soin de son bonheur.

Les fluides, les émanations qui nous enveloppent de toutes parts pénètrent dans notre organisation, et ne tardent pas à faire partie de notre être en passant sous l'action de la vie ; et, par suite des admirables rapports du corps et de l'âme, il est évident qu'ils peuvent influer sur nos facultés intellectuelles.

Fig. 1. — Bananier.

Ce sont les endroits ombragés des forêts surtout qui sont favorables à notre existence.

Les arbres sont des amis dévoués et fidèles ; jamais ils ne nous reprochent leurs bienfaits, et leur amour n'est pas susceptible de se changer en haine.

Les plantes renferment pour nous de vraies panacées ; ce sont des pharmacies naturelles que la Providence a établies sur le globe pour prévenir nos maux ou pour les guérir.

De leur bois, de leur écorce, de leurs bourgeons, de leurs feuilles, de leurs fleurs, de leurs fruits s'exhalent des essences vivifiantes, qui fortifient nos organes, régénèrent notre sang et neutralisent les principes méphitiques qui nous entourent.

L'histoire de tous les siècles nous apprend que les régions favorisées où s'étendaient de vastes forêts ont toujours été saines et amies de l'homme.

Et ces mêmes régions, d'où l'on a fait disparaître les forêts, sont devenues marécageuses et ont donné naissance à des miasmes et à toute espèce de principes de mort.

On pourrait citer de nombreux exemples :

Aujourd'hui les fièvres paludéennes qui règnent dans certaines régions de l'Asie Mineure les rendent inhabitables ; cependant les auteurs anciens parlent de marécages peu étendus et ne parlent pas de fièvres paludéennes, parce que dans ce temps-là les forêts existaient.

Il y a mille ans, la Brenne était couverte de forêts entrecoupées de prairies ; ces prairies étaient arrosées d'eaux courantes et vives. C'était alors un pays renommé pour la fertilité de ses pâturages et la douceur de son climat.

Aujourd'hui que ses forêts ont disparu, la Brenne est triste, marécageuse et malsaine. On peut en dire autant de la Dombe, de la Bresse, de la Sologne, etc.

Voici un exemple qui est une démonstration permanente. Dans les marais Pontins, un bois est interposé sur le passage d'un courant d'air humide , chargé de miasmes pestilentiels; eh bien, ce bois préserve les parties qui sont derrière lui, tandis que les autres sont envahies par le fléau destructeur [1].

Ainsi, les lieux d'où les forêts ont disparu semblent habités par de mauvais génies, qui ont hâte de s'incorporer à nos organes, et se manifestent sous la forme de fièvre, de choléra, de maladie de poitrine, de maladie de foie, de rhumatisme, etc.

Il suffit, par exemple, de respirer pendant quelques secondes dans certains parages redoutés de Madagascar, ou de quelques îles funestes environnantes, pour qu'une prompte mort envahisse instantanément toute l'organisation.

Le jeune homme le plus fort, le plus robuste, le plus vigoureux, le jeune homme rayonnant d'ardeur, qui va chercher l'avenir doré dans ces parages sous l'influence de ces miasmes, se sent expirer, comme si le venin du crotale courait dans ses veines; et s'il échappe à ces tortures, c'est souvent pour végéter tristement le reste de ses jours comptés. Que d'infortunés de ce genre n'ai-je pas rencontrés pendant mon voyage dans la mer des Indes!

Quel sacrilége de songer à vous détruire, douces et

[1] M. Becquerel, *Mémoires de l'Académie des sciences.*

mystérieuses forêts, atmosphère de vibrations célestes, orchestre divin où la brise murmure en gammes infinies
l'hymne d'amour qui révèle le Créateur à la créature !
Forêts amies, sombres feuillages, profondeurs obscures,
vous calmez toutes les douleurs ! Sous vos ombrages
l'âme aussi bien que le corps goûte le repos régénérateur,
la Divinité s'y abaisse jusqu'à nous ; elle nous touche de
son ombre, elle nous émeut jusqu'au fond de l'âme ; elle
nous caresse comme du souffle d'une mère adorée !

II

Jamais on ne pourra se faire une juste idée de toute la
magnificence, de toute la splendeur que nous présentent
les plantes, si l'on ne va les contempler sous les climats
brûlants ; mais une des choses que les voyageurs, à notre
avis, n'ont pas remarquées suffisamment, et qui fait
éprouver une espèce de nostalgie pour ces beaux pays,
c'est l'harmonie enchanteresse qui résulte du bruit de la
mer et de celui de la brise dans les divers feuillages. A
l'île de la Réunion nous avons été frappé de ce concert
sublime, d'une solennité sans pareille.

Comme il y a toutes les températures : la glace au haut
des montagnes, et les chaleurs tropicales au bord de la
mer, il y a aussi les arbres les plus divers, par conséquent
les feuillages les plus variés, et chacun emprunte à la
brise une voix, une note particulière dans ce grand
concert de la nature.

Il y en a un remarquable entre tous, c'est le filaos, espèce de cèdre qui tient du pin et du saule pleureur; son sommet se perd dans le bleu du ciel, et ses branches nombreuses, portées par un tronc souple et élégant, soutiennent des faisceaux de feuilles pressées, longues, cylindriques et fines comme des cheveux, elles se penchent vers la terre, et lorsque la brise vient les faire tressaillir de son souffle, elles chantent d'une voix mélancolique et plaintive, que l'on recherche toujours dès qu'une fois on l'a entendue.

Les cocotiers (fig. 6, page 21), les palmiers, aux feuilles longues, dures et luisantes comme de l'acier, font réellement entendre le cliquetis des armes.

Les feuilles gigantesques du bananier (fig. 1 et 2) sont l'écho de la voix du torrent débordé, en brisant l'air comme de vastes tuyaux d'orgues.

Les bambous aux chaumes élancés, qui se lamentent et grincent en se pliant, produisent de longs gémissements qui, se mêlant aux voix, aux pleurs, aux murmures de mille autres feuillages, aux vastes clameurs de la mer agitée dans le lointain et aux mugissements de la vague qui se brise sur la grève, forment un orchestre immense dont les sons divers, s'élevant vers les cieux, semblent y porter l'accent infini de toutes les joies et de toutes les douleurs de la terre.

Ces arbres, aux tiges variées, au feuillage épais (fig. 3), sont continuellement balancés par la brise qui règne sans interruption; sous la lumière éclatante de ces climats, leur ombre paraît noire, et comme elle est sans cesse en mouvement, on dirait que tout est animé, que des sylphes et des fées sortent et s'échappent de tous côtés.

Il y a constamment des fleurs aux parfums les plus

pénétrants, et surtout lorsque celles du bois noir sont
écloses, on dirait que chaque brin d'herbe, chaque feuillage, chaque goutte de rosée se sont transformés en essences que la brise puise en passant pour embaumer les
heureux mortels de cet éden.

Fig. 2. — Bananier de Chine.

Ces régions enchantées ont des habitants dignes d'elles.
L'hospitalité créole est proverbiale ; chaque famille est
heureuse de recevoir l'étranger, et bientôt on le compte
comme ami et comme frère.

Les femmes créoles ont l'élégance de leurs palmiers; elles sont fraîches et suaves comme la corolle qui s'épanouit à l'aurore; leur gracieuseté et leur bienveillance vous enveloppent comme les senteurs pénétrantes qui s'échappent de l'éblouissante végétation qui les entoure.

Le Français qui rencontre un autre Français dans ces pays lointains semble y retrouver une partie de la France qui vient lui sourire, et l'union qui s'établit est indissoluble. Jamais le voyageur ne peut oublier les scènes touchantes de la varangue, les soirées enchanteresses que l'on y passe, et la coupe joyeuse de l'amitié que l'on y échange.

Cependant, sous ce ciel éclatant de pure lumière, dans cette atmosphère d'ombre, de parfum et d'harmonie, il me semblait qu'une teinte de mélancolie infinie était répandue partout.

Je regardais ce beau ciel, j'écoutais le tremblant feuillage, je respirais les senteurs pénétrantes, mais quelque chose me manquait dans cet horizon; et lorsque j'ai voulu me rendre compte de ce qui me manquait, j'ai trouvé que c'était les arbres de mon pays, qui ne venaient pas dans toutes les zones, et surtout qui ne venaient pas aussi beaux.

Je cherchais instinctivement le chêne immense, le grand noyer, le marronnier à la tendre verdure, le peuplier élancé, le saule paisible, le bouleau à l'ombre légère (fig. 5); j'avais la réminiscence de l'odeur de leur feuillage qui se mêlait aux souvenirs les plus chéris, mais vainement; j'éprouvais alors un vide immense et indicible, que rien ne pouvait remplir; les larmes venaient naturellement sous ces impressions vagues et profondes.

Fig. 3. — Sagoutier.

J'avais faim, j'avais soif des parfums des arbres qui

avaient ombragé mon enfance : une faim inassouvible, une soif inextinguible. Cet aliment invisible que nous donnent les exhalaisons des plantes auxquelles on est habitué dès l'enfance était devenu pour moi d'une nécessité absolue, une condition de santé.

A mon retour de ces voyages lointains, les premières semaines surtout, j'allais à la pépinière du Luxembourg (hélas! pauvre pépinière!), j'allais sous les frais ombrages du Bois de Boulogne, et là, pendant de longues promenades, je froissais des feuilles dans mes mains, et je respirais le parfum qui s'y développait. Je sentais que mes poumons s'épanouissaient, s'incorporaient une vie nouvelle, en même temps que cette atmosphère qui s'exhalait.

III

Les poëtes, qui, comme les femmes, ont des pressentiments intelligents qui leur font deviner les belles et bonnes choses, témoignent une prédilection spéciale pour les plantes; de tout temps les uns leur empruntèrent leurs plus touchantes figures, les autres l'inspiration de leurs ornements les plus gracieux. L'élégante coiffure imitée de feuillage que portaient les femmes romaines dans le dixième siècle (fig. 4) ne rivalise-t-elle pas de charme avec ce que le goût le plus exquis invente chaque jour en ce genre[1]?

[1] Nous empruntons cette gravure aux *Costumes anciens et modernes,*

Fig. 4. — Costume de femme romaine en usage dans toute l'Italie au Xe siècle.

Les plantes sont pour nous non-seulement de gracieux symboles, elles nous offrent aussi de précieux enseignements, car les lois qui régissent leur vie sont analogues à celles qui régissent la nôtre. Que de lumières ne pourrions-nous donc puiser chez elle!

Ainsi :

Chez les végétaux comme chez les animaux, comme chez l'homme, il ne faut pour qu'ils atteignent une longue vie ni trop de rigidité dans les organes, ni trop de viscosité dans les humeurs; les organes doivent être forts et souples, les humeurs limpides et riches en éléments.

Trop de rigidité et de solidité dans les organes, trop de viscosité dans les humeurs rend de meilleure heure les uns imperméables, les autres immobiles, produit des engorgements, et amène plus promptement la vieillesse et la mort.

Les organisations humaines destinées à vivre longtemps ont en général quelque chose de l'homme et de la femme; elles sont sensibles et fortes, délicates et énergiques.

Le végétal qui atteint promptement son entier accroissement meurt promptement; il en est de même de l'homme. On a reconnu que l'homme et les animaux pouvaient, en général, vivre cinq fois le temps qu'ils mettent à croître.

La loi la plus constante pour la durée de la vie dans le

publiés par la librairie Firmin Didot : 2 vol. in-8°. Cet ouvrage, exécuté par Vecellio avec le concours du Titien, intéresse le public ami des arts. L'originalité et la bizarrerie des costumes pourront même souvent suggérer aux dames d'utiles inspirations.

règne végétal, c'est que plus une plante fleurit vite, moins elle dure, et réciproquement; celles qui fleurissent la première année meurent aussi la première année, et celles qui donnent des fleurs au bout de deux ans meurent dans le cours de la seconde année.

Les arbres et les végétaux ligneux, qui ne commencent à produire que vers la sixième, la neuvième et la douzième année, sont les seuls qui vieillissent; et même, parmi eux, les espèces qui commencent le plus tard à se reproduire sont les seules qui atteignent l'âge le plus avancé.

En général, les plantes qui sont les plus précoces dans la reproduction sont aussi celles dont le terme de la vie est le plus prochain.

Il en est de même pour l'homme : plus sa formation complète est prompte, et plus aussi son existence est courte, toutes choses égales d'ailleurs. C'est une règle que l'on peut regarder comme absolue.

Chez la plante, comme chez nous, la longévité dépend du plus ou moins de rapidité de la consommation, et du plus ou moins de perfection avec laquelle se fait la réparation des pertes.

Quand la vie d'une plante a trop d'intensité, quand la consommation se fait chez elle avec trop de force et de rapidité, elle vit moins longtemps que lorsque tous ses mouvements sont modérés.

Si, par exemple, on remue la terre tous les ans au pied d'un arbre, on le fait végéter avec plus de vigueur et donner des fruits avec plus d'abondance, mais en même temps on abrége la durée de son existence. Si au contraire on ne fait cette opération que tous les cinq ou tous

Fig. 5. — Bouleau.

les dix ans, l'arbre vivra avec moins de force, mais plus longtemps.

Il en est de même pour l'homme : plus il vit vite, passé un degré moyen, moins il prolongera ses jours.

On a également remarqué qu'en remuant la terre aux pieds des vieux arbres auxquels personne n'a touché depuis longtemps, on leur fait pousser un feuillage plus abondant; on les rajeunit en quelque sorte.

Les hommes qui ont passé la première partie de leur vie dans un état de labeur et de privation peuvent de même jouir, pour ainsi dire, d'une seconde jeunesse dans un âge plus avancé, s'ils sont entourés des commodités de la vie.

En général, l'art et la culture abrégent la vie des végétaux. On peut poser en principe que les plantes sauvages abandonnées à elles-mêmes vivent plus longtemps que celles que l'on cultive.

On ne peut cependant dire cela de tous les genres de culture; car il y a, par exemple, des plantes qui ne vivraient qu'un an ou deux dans la campagne, et que l'on fait durer bien plus longtemps à force de soins.

Cela prouve que même pour les végétaux il y a des moyens qui peuvent reculer le terme ordinaire de la vie.

Il y a donc une culture pour la plante, comme un régime pour l'homme, qui prolonge la vie, et une autre qui l'abrége.

Il est facile de comprendre que plus la culture augmente l'intensité de la vie et la consommation intérieure, plus elle use les organes, plus elle les rend délicats, et plus elle nuit à la durée de leur existence.

C'est ce que nous voyons d'une manière bien sensible dans nos serres, où la chaleur, les engrais et les soins de chaque instant entretiennent une activité intérieure continuelle, qui fait que les plantes produisent de meilleure heure et plus souvent des fruits d'une qualité supérieure à celle que leur nature comporte.

La culture propre à prolonger la durée des plantes est celle qui n'augmente pas outre mesure l'intensité de leur vie, qui retarde la consommation intérieure, qui diminue assez la viscosité des humeurs et la rigidité des organes pour leur conserver plus longtemps la perméabilité et le mouvement; en un mot, celle qui arrête les influences destructives et qui fournit des moyens plus puissants de régénération.

Tous ces principes s'appliquent parfaitement à la longévité humaine; l'homme qui suit habituellement un régime trop stimulant se développe trop promptement, et arrive plus promptement à la fin de sa carrière.

L'homme au contraire, toutes choses égales d'ailleurs, qui suit un régime parfaitement approprié à sa nature, se développe plus lentement, mais plus complétement; il conserve toutes ses facultés dans un âge plus avancé, et peut parcourir une carrière plus étendue.

Enfin, les principes qui résultent des faits observés sur la plante, et qui peuvent parfaitement s'appliquer à l'homme et à tout être organisé, peuvent se résumer ainsi :

Un être organisé ne peut atteindre un âge avancé qu'à la faveur des conditions suivantes :

1° Il faut qu'il se développe lentement ;

2° Qu'il se propage lentement et tard ;

Fig. 6. — Cocotier nucifère.

3° Que ses organes n'aient qu'un certain degré de solidité; qu'ils soient souples et forts;

4° Que ses humeurs ne soient pas trop aqueuses; qu'elles soient limpides et riches en éléments;

5° Qu'il ait une taille, suivant son espèce, plutôt grande que petite; qu'il soit bien proportionné;

6° Qu'il vive dans un milieu approprié à sa constitution et qu'il ait une nourriture abondante et variée, sans être trop stimulante;

7° Il faut de plus à l'homme la paix et une force morale qui lui permette de conserver la tranquillité dans les circonstances les plus pénibles de la vie.

IV

L'action principale de la vie de la plante, comme celle de l'homme, consiste dans une simultanéité continuelle de destruction et de réparation.

L'être organisé ne cesse de puiser dans ce qui l'entoure les molécules nouvelles qui passent de l'état de mort à celui de vie; d'un autre côté, les molécules usées, corrompues, ne cessent de se détacher; elles repassent ainsi du monde organique dans le monde inorganique, dont elles étaient sorties pour quelque temps.

Il s'opère donc des changements, des transmutations vraiment incroyables pour ceux qui n'y ont pas encore réfléchi sérieusement. La nature entière n'est qu'un fleuve qui roule successivement ses molécules dans les existences les plus diverses.

Cette rose, aux couleurs si tendres et si fraîches, est peut-être reconstituée des débris de l'insecte qui rampait au pied de sa tige, ou du papillon volage qui allait se reposer sur quelques-unes de ses ancêtres.

En aspirant ce bouquet de violettes ou ce rameau de réséda, la tendre mère ne soupçonne pas qu'elle aspire peut-être des molécules qui ont appartenu à la petite existence chérie qu'elle pleurait il n'y a que quelques jours.

Ce pauvre noir des colonies qui féconde le sol de son âcre sueur peut avoir dans son sang des molécules qui ont jadis circulé dans les veines de quelque César.

Et cette beauté que tous admirent, dont le doux regard efface l'onctueuse lumière qui rayonne de ses diamants, l'ivoire est moins éclatant que les perles qui brillent à travers ses lèvres de corail animé; cet être enchanteur ne soupçonne guère les transmigrations par lesquelles ont passé les molécules qui sont sous l'influence de sa vie et auxquelles elle fait subir une transformation éblouissante.

Si une de ces molécules voulait nous raconter son histoire, que de choses étranges ne nous révélerait-elle pas!

Depuis que la terre existe, nous dirait-elle peut-être, je vous assure que j'ai eu de singulières pérégrinations. J'ai été brin d'herbe, puis, retournée en liberté, j'ai été aspirée par les racines d'un puissant chêne, je suis devenue gland, et puis, hélas! j'ai été mangée, par qui?... j'ai été salée pour faire un voyage au long cours; un matelot m'a digérée, puis je suis devenue lion, tigre, baleine, ensuite j'ai été administrée à une jeune poitrine malade, etc....

L'imagination se perd dans cette transformation des
molécules de la matière; elles peuvent successivement ap-

Fig. 7. — Palmier-dattier.

partenir à ce qu'il y a de plus saint et de plus ignoble,
de plus ravissant et de plus horrible.

C'est là le vrai panthéisme, tout se trouve dans le tout.

Tous les êtres de l'univers matériel ne font réellement qu'un ; leurs molécules passent successivement des uns dans les autres, prennent la nature même de l'être qui les absorbe, et peuvent devenir successivement rose ou papillon, goutte de rosée ou rossignol, plantes des eaux, poissons qui parcourent les mers, etc., et passer ainsi par toute l'échelle des existences.

La seule chose qui ne se transmette pas, qui demeure personnelle, c'est l'âme, c'est l'esprit de l'homme qui a la conscience et la responsabilité de ses œuvres et qui domine le monde.

Que d'étranges communions il existe parmi les hommes, depuis qu'ils habitent la terre ! C'est le même air, par exemple, qui alimente toutes les poitrines de l'humanité et qui passe successivement des unes dans les autres.

Quand j'étais bien loin de mon pays, que j'avais traversé le vaste Océan, que je me reposais sous le palmier des Indes, à quatre mille cinq cents lieues de la France, je me consolais alors que je sentais les brises rafraîchies qui me venaient de la mer. J'ouvrais largement ma poitrine, et je me disais en aspirant cet air électrique : Peut-être est-ce l'air qui a passé sur mon pays ; peut-être a-t-il traversé la chambre de ma mère, a-t-il été inspiré par elle et par tant d'êtres qui me sont chers ; je le consultais en silence et je me perdais en profondes mélancolies. Dans mon illusion, j'avais envie de confier à l'oreille de ce messager inconstant bien des secrets qui débordaient de mon cœur.

Tout dans la nature nous rappelle que les hommes sont frères, et cette vaste solidarité qui existe entre eux.

L'ACANTHE.

L'acanthe épineuse en architecture; l'acanthe molle; Callimaque et le chapiteau
corinthien.

Acanthe vient du grec *akantha*, épine.

L'acanthe est une plante herbacée remarquable par la beauté de son port et par l'élégance de ses feuilles.

Deux espèces d'acanthes croissent naturellement dans

Fig. 8. — Acanthe molle.

le midi de l'Europe : l'acanthe épineuse et l'acanthe molle. L'acanthe épineuse est plus finement découpée que l'acanthe molle. Elle offre à l'extrémité de ses segments des piquants roides et aigus (fig. 9); les architectes du moyen âge l'ont souvent imitée, comme on peut le voir dans plusieurs édifices gothiques, et entre autres à Notre-

3

Dame de Paris. L'acanthe molle (fig. 8) a donné naissance au chapiteau corinthien. Vitruve dit à ce sujet qu'une jeune fille de Corinthe étant morte au moment de se marier, sa nourrice recueillit plusieurs des objets qui lui avaient appartenu, les plaça dans une corbeille qu'elle déposa sur la tombe et qu'elle recouvrit avec une tuile.

Une racine d'acanthe se trouvait par hasard dans ce lieu ; au printemps elle poussa des feuilles qui entourèrent la corbeille, mais qui rencontrant la tuile furent forcées de se recourber. Le sculpteur Callimaque, passant près du tombeau, fut frappé de l'aspect gracieux qu'il présentait, et y trouva le modèle du chapiteau corinthien (fig. 10).

Dans le langage des fleurs, l'acanthe est l'emblème du culte des beaux-arts.

Fig. 9. — Acanthe épineuse.

Fig. 10. — Callimaque et l'acanthe.

L'ACONIT.

Ses diverses espèces; son origine dans la fable; poison qu'il fournit;
ses usages dans la médecine.

Aconit vient du mot grec *akoniton*, qu'on dérive d'*a-coné*, pierre, parce que cette plante croît dans les terrains pierreux. Ce genre présente de l'importance, à cause des propriétés vénéneuses de la plupart des espèces qu'il renferme.

La plus remarquable et la plus généralement connue est l'*aconit napel*, vulgairement *tue-chien*, grande et belle plante, à fleurs en épi. Ses corolles ont la forme d'un casque et sont d'un beau bleu (fig. 11).

Elle croît en France et dans les régions méridionales de l'Europe; elle est très-commune en Savoie, sur les rochers et au sein des pâturages des montagnes; on la cultive même dans les jardins.

Vient ensuite l'aconit *tue-loup*, que caractérise la couleur de ses fleurs, qui sont d'un jaune livide, mais à peu

Fig. 11. — Aconit napel.

près de la même forme que celles du napel, et disposées également en épi.

On trouvait ces plantes en grande quantité auprès d'Héraclée, dans le Pont, où était la caverne par laquelle on prétendait qu'Hercule était descendu aux enfers ; de là la fable imaginée par les poëtes, que cette plante était née de l'écume de Cerbère, lorsque Hercule lui serra fortement le gosier et l'arracha de l'empire des morts.

Au dire des poëtes, l'aconit était le principal ingrédient des poisons préparés par Médée. C'est dans le suc de l'aconit que jadis les Germains et les Gaulois trempaient leurs flèches pour les empoisonner.

Le principe actif de cette plante paraît être l'aconitine, que les chimistes ont extraite des feuilles du napel. Cette plante est mise au rang des poisons âcres ; outre ses effets locaux, elle agit encore par absorption, et détermine des désordres graves dans l'innervation.

En médecine, on administre l'aconit contre les affections rhumatismales chroniques, contre les névralgies, la paralysie et l'hydropisie. L'homœopathie surtout en fait un grand usage pour combattre les hémorragies et pour remplacer, dans la plupart des cas, les émissions sanguines. Sa préparation la plus usitée est l'extrait fait avec le suc exprimé de la plante fraîche ; la dose est de cinq centigrammes à un décigramme, que l'on peut augmenter progressivement.

Dans le langage des fleurs, cette plante est l'emblème du crime.

L'AGARIC.

Ses propriétés ; faits curieux.

Agaric vient d'*Agaria,* contrée de la Sarmatie méridionale, où ce champignon croît en abondance.

On appelle ainsi le genre de champignons qui a pour caractère principal un chapeau distinct du pédoncule, et qui est garni intérieurement de lames nombreuses irradiant du centre à la circonférence.

Les agarics croissent dans les lieux humides et ombragés ; dans les prairies, les fumiers, les troncs d'arbre, les caves et les bois pourris.

Ce genre contient un grand nombre d'espèces, dont quelques-unes offrent un mets très-délicat. La plupart cependant sont vénéneuses.

L'agaric blanc était jadis fort employé comme vomitif et purgatif.

L'agaric amadouvier, qui croît sur les troncs des vieux chênes, des ormes, des bouleaux, etc., sert à faire l'amadou. Il est excellent aussi pour arrêter l'hémorragie dans les coupures des veines et des artères :

> Le puissant agaric, qui du sang épanché
> Arrête les ruisseaux, et dont le sein fidèle
> Du caillou pétillant recueille l'étincelle.
>
> (DELILLE.)

Il y a lieu de croire que la propriété que possède l'agaric

d'arrêter les hémorragies était connues des anciens, puisqu'ils ont nommé celui qui croît sur le chêne : *Agaricus
sanguinem sistens*, c'est-à-dire agaric qui arrête le sang.

Mais cette découverte avait été longtemps oubliée,
lorsque le hasard l'a fait remettre à l'ordre du jour.

Au milieu du siècle dernier, un bûcheron s'étant donné
sur le pied un coup de cognée, et ne pouvant arrêter le
sang qui coulait en abondance, s'avisa de couvrir la plaie
d'un morceau d'agaric qui se trouvait à la portée de sa
main, ce qui le mit en état de retourner chez lui.

M. Brossard, chirurgien chargé du soin du malade,
proposa ensuite ce champignon comme un remède souverain pour cet usage.

L'agaric comestible ou *champignon de couche* est le seul

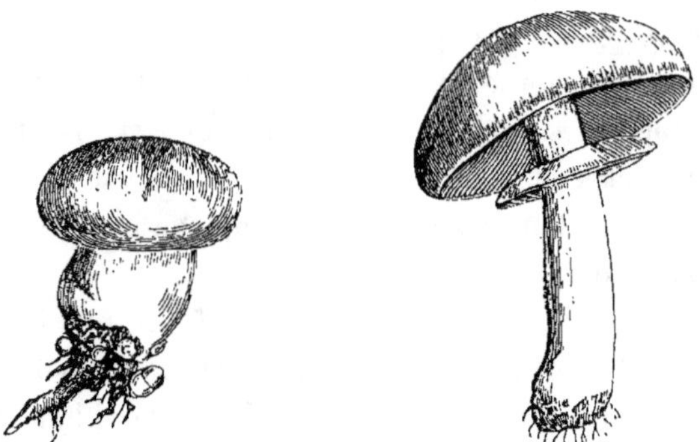

Fig. 12 et 13. — Champignon comestible.

qu'on permette de vendre à Paris. Le pédoncule est haut
de 3 à 5 centimètres, le chapeau convexe, lisse, garni
en dessous de feuillets d'un rose terne, qui noircit en
vieillissant. La couleur générale est d'un blanc brunâtre;
l'odeur et le goût en sont très-agréables.

L'ALOÈS.

Ses diverses espèces; son emploi dans la médecine et dans l'économie domestique; l'aloès dans les contrées lointaines; charmante allégorie.

L'*aloès*, autrefois rare dans nos contrées, est maintenant connu de tout le monde; c'est une plante d'ornement très-belle, aux feuilles épineuses, charnues, longues, armées sur leurs bords de petites pointes très-piquantes; elles sont disposées en rond et réunies à la base de la hampe, qui a un mètre à deux mètres de hauteur, quelquefois plus, et se termine par un épi de fleurs. Les fruits de l'aloès sont oblongs ou cylindriques, triangulaires, divisés dans toute leur longueur en trois capsules remplies de semences plates.

Cette plante se plaît dans les lieux chauds, secs et sur les roches; elle appartient particulièrement à l'Afrique; cependant on la trouve dans un grand nombre de régions, entre autres dans le midi de l'Europe, et on la cultive dans nos jardins. Elle possède de nombreuses variétés.

Son suc fournit des matières colorantes et une gomme résineuse amère, odorante, d'un grand usage en médecine.

Dans le commerce on distingue trois principales espèces de sucs d'aloès : 1° l'*aloès socotrin*, tiré primitivement de l'île Socotora : c'est l'espèce la plus pure; il a une odeur aromatique particulière; sa saveur est d'une amertume intense et durable; il est en morceaux d'un brun foncé luisant; il s'amollit entre les doigts, et devient collant; sa poudre est d'un jaune d'or; 2° l'*aloès hépatique*, plus grossier, d'un rouge brun comme le foie (du grec *hépar*); 3° l'*aloès caballin*, moins estimé, d'un brun sale, et usité seulement comme médicament pour les chevaux.

L'aloès pris à petite dose est tonique, à plus haute dose c'est un purgatif puissant; on l'emploie spécialement contre la jaunisse et la constipation; son effet est lent, mais sûr : on le défend aux personnes affectées d'hémorroïdes. La pulpe de ses feuilles neutralise les brûlures.

L'aloès fait la base de la préparation nommée *élixir de longue vie*. Les habitants de la Cochinchine font avec cette plante une préparation agréable au goût, qu'ils mangent avec du sucre ou avec de la viande. Pour l'obtenir, on fait macérer les feuilles d'abord dans une eau alumineuse et ensuite dans de l'eau froide.

On tire des feuilles de l'aloès un fil très-fort et très-blanc, dont on fabrique des cordes, les meilleures qui existent, des filets et des tissus.

Cette plante a un rare mérite, c'est de croître dans les lieux les plus stériles; la beauté de ses formes et la suprême élégance des belles espèces en font un des ornements les plus pittoresques et les plus gracieux des pays où elle vient en abondance, tels que l'île de La Réunion, par exemple.

Lorsque l'on voit l'aloès étendre ses faisceaux divergents de larges feuilles, balancer sa tige couronnée d'un long épi de fleurs dans les endroits les plus déserts, au bord de la mer agitée, sur la pente des rochers les plus arides, il semble qu'il est le compagnon de l'exilé; on le

Fig. 14. — Aloès.

contemple en ayant l'air de lui conter bien des choses !
Son aspect fait alors éprouver un sentiment de douce et
profonde mélancolie, qui inspire le poëte ; aussi a-t-il été
chanté d'une manière que je trouve ravissante par un de
nos compatriotes et un de mes amis, M. de Montforand,
que j'ai connu dans ces contrées lointaines.

Le lecteur me saura gré de donner ici ces stances, qui
expriment avec une grâce parfaite une délicieuse allégorie.

La vie est un combat dont la palme est aux cieux.

Sur nos monts décharnés, dans un sol tout de pierre,
Incessamment brûlé par les flots de lumière
    Que lui verse un soleil de feu,
Vous avez vu souvent une robuste plante
Dardant de tous côtés la pointe menaçante
    De ses grandes feuilles vert-bleu.

Regardez alentour... Pas un brin de verdure
N'ombrage du rocher la face sombre et dure,
    Pas un murmure de ruisseau :
Dans ce coin désolé l'aloès solitaire
Pousse loin des regards, et son aspect austère
    Écarte le vol de l'oiseau.

Et pendant bien des mois il semble vivre à peine ;
Mais pourtant sans relâche il grandit, il enchaîne
    Le rocher dans ses bras noueux.
Il arrête en passant les atômes de terre
Que transporte la brise, et boit l'eau salutaire
    Qui tombe du ciel orageux.

Mais un jour il s'éveille à la vie, il découvre
Le mystère enfermé dans son sein, qui s'entr'ouvre.
    Il se dresse en fût élégant ;
Puis en rameaux légers il étage sa tige,

Et se couvre de fleurs où l'essaim qui voltige
    Vient puiser un suc odorant.

Et quand il a jeté ses parfums à la brise,
L'aloès se flétrit fleur à fleur, il se brise,
    Et meurt sur le roc étendu.
Trop heureux si, perçant le dur linceul de pierre,
Un rejeton chétif renaît de sa poussière
    Pour vivre et tomber inconnu.....

Tel est aussi ton sort, ô sublime génie !
Tu n'es pas, toi non plus, des élus de la vie :
    Marchant loin des sentiers frayés,
Tu te nourris longtemps du pain de la misère,
Et les plaisirs du monde à ton regard sévère
    Se détournent tout effrayés.

Puis à l'heure où le temps a mûri ta pensée
Tu laisses s'épancher ta force réservée;
    Tu lèves ton front radieux,
Et ton âme, cherchant une sphère plus grande,
Monte vers le Seigneur et lui porte l'offrande
    De ses travaux mystérieux.

Mais bientôt, épuisé de cet effort immense,
Tu sens flétrir en toi la fleur de l'existence;
    Ton beau jour est sans lendemain.
Quand pour prix du combat tu crois à la victoire,
Quand déjà triomphant tu vas saisir la gloire,
    La mort vient arrêter ta main.

Et pourtant, tous les deux, grand homme et pauvre arbuste,
Vous avez votre part; et pour se montrer juste
    Dieu vous fait un destin commun :
Vous survivez encore longtemps à cette vie,
Et laissez après vous à la terre ravie,
    Toi, ton œuvre, et toi, ton parfum !

L'AMARANTE.

Amarante vient du grec, d'*a*, privatif, et *maraïno*, se
flétrir. Ce genre est ainsi nommé à cause de la persistance
de ses fleurs, qui sont disposées en épi ou en grappe.

Fig. 15. — Amarante crête-de-coq.

Cette plante est cultivée dans les jardins et fleurit en
automne.

L'amarante crête-de-coq, ou passe-velours, a ses fleurs

disposées en forme de panache, et ressemble à du velours d'une belle couleur rouge mêlée de violet; c'est cette espèce qui a donné son nom à la couleur amarante (fig. 15).

L'amarante à fleurs en queue, nommée aussi *discipline de religieuse* ou *queue de renard*, a une tige haute de près d'un mètre, des feuilles oblongues et rougeâtres, des fleurs en longue grappe, pendantes et cramoisies; elle se sème d'elle-même et vient partout (fig. 16).

Fig. 16. — Amarante queue-de-renard.

L'*amarante pyramidale* est haute quelquefois de deux mètres; son feuillage est souvent teinté de rouge; elle se fait surtout remarquer par sa gigantesque inflorescence couleur sang de bœuf et de forme pyramidale.

L'*amarante tricolore* a ses feuilles tachées de jaune, de vert et de rouge (fig. 17). L'*amarante blette* a la tige rameuse, couchée à la base, les feuilles ovales, échancrées au sommet; cette espèce est comestible.

Chez les anciens l'amarante était le symbole de l'immortalité ; chez nous elle est celui de la constance :

> Tel un ami qu'entraîne un long voyage,
> De loin encor tournant les yeux vers nous,
> De ses regrets nous offre un dernier gage,
> Et de sa main, tendre et muet langage,
> Nous dit : Adieu ; mon cœur reste avec vous.

Les magiciens attribuaient aux couronnes faites de cette
fleur la vertu de concilier la faveur et la gloire à ceux
qui en portaient. Dans l'Académie des jeux floraux, l'amarante d'or est le prix de l'ode.

Christine de Suède institua, en 1653, l'ordre de l'Amarante, qui doit son nom et son orgine à une fête assez
curieuse.

Fig. 17. — Amarante tricolore.

Il y avait en
Suède un jour de
divertissement annuel appelé Wirtschaff, c'est - à -
dire fête de l'hôtellerie ; on le passait en festins et
en danses, qui
duraient depuis
le soir jusqu'au
matin. Christine
changea le nom
de cette fête, et l'appela fête des dieux. Les seigneurs et
les dames de la cour tiraient au sort la divinité qu'ils devaient y représenter.

A table, les dieux étaient servis par une élite de jeune noblesse de l'un et de l'autre sexe, dont les charmes étaient rehaussés par la diversité des costumes que chacun inventait pour se distinguer.

La reine prit le nom d'amarante, c'est-à-dire Immortelle, et parut avec des vêtements superbes, couverts de diamants, qu'elle distribua ensuite aux masques admis à la fête.

L'insigne de l'ordre était une médaille d'or ovale, émaillée de rouge au milieu, où se trouvaient un A et un V en chiffre, avec une couronne de laurier au-dessus, le tout en diamants, et pour devise à l'entour : *Dolce nella memora; le souvenir en est agréable.* Cette médaille était attachée à un ruban couleur de feu, et se portait au cou.

Dubos a délicieusement exprimé les différentes attributions de l'amarante :

> Je suis la fleur d'amour qu'amarante on appelle,
> Et qui vient de Julie adorer les beaux yeux.
> Rose, retirez-vous, j'ai le nom d'immortelle;
> Il n'appartient qu'à moi de couronner les dieux.
>   Je t'aperçois, belle et noble amarante!
>   Tu viens m'offrir, pour charmer mes douleurs,
>   De ton velours la richesse éclatante;
>   Ainsi la main de l'amitié constante,
>   Quand tout nous fuit, vient essuyer nos pleurs.
>   Ton doux aspect de ma lyre plaintive
>   A ranimé les accords languissants;
>   Derniers débris de flore fugitive,
>   Elle nous lègue, avec la fleur tardive,
>   Les souvenirs de ses premiers présents.

L'ANANAS.

L'ananas aujourd'hui et l'ananas autrefois; sa description; ses variétés;
son acclimatation; ses propriétés : vin, fil, tissu d'ananas.

L'ananas vient de plusieurs de nos colonies; il abonde
maintenant chaque année, à certaine époque, sur la place
de Paris. Avec cinq centimes les enfants peuvent se ré-
galer d'une tranche d'ananas, et avec 1 franc, 1 franc
50 cent., on en a un passable; il n'y a que trois ou quatre
ans cependant qu'il se vendait encore 100 francs et plus
lorsqu'il était de belle qualité. Pour satisfaire sa femme,
qui était enceinte, le général Junot, à cette époque gouverneur de Paris, offrit vainement 20 louis pour un ananas : impossible alors de s'en procurer, même à ce prix.
— Quel changement!

Des détails intéressants se rattachent à ce fruit, justement renommé et qui passe généralement pour être le
meilleur du monde.

Comme végétal, l'ananas est une plante vivace, épineuse, au port élégant, aux feuilles longues, vertes,
charnues et robustes, enveloppant une tige assez forte,
couronnée elle-même d'un épi de fleurs nombreuses et
violacées, auxquelles succèdent des baies, si pressées
qu'elles semblent ne faire qu'un seul fruit. Elle est le
type de la famille des broméliacées.

Le fruit de l'ananas a la forme d'une pomme de pin; à

sa maturité, il est ordinairement d'un jaune doré ; sa chair est blanche, jaune ou rosée, d'un parfum et d'une saveur exquises, qui ressemblent au parfum et à la saveur de la fraise unie au citron. Le suc qu'il donne est très-rafraîchissant, et possède toutes les qualités nécessaires pour calmer l'ardeur des fièvres inflammatoires.

On compte plusieurs variétés d'ananas, à fruit rouge, blanc, violet, noir ; il y en a qui réunissent à eux seuls plusieurs de ces couleurs. J'en ai, entre autres, goûté d'une qualité toute spéciale et dont le fruit est fort petit, à l'île de La Réunion ; sa chair est tout ce qu'il y a de plus exquis ; elle fond dans la bouche comme celle de nos meilleures poires fondantes et joint aux saveurs générales de l'ananas un goût de muscat très-prononcé.

Pour reproduire cette plante il suffit de détacher avec soin le bouquet de feuilles vertes qui surmonte le fruit, et de le mettre en terre ; on la propage encore au moyen d'œilletons, qui se forment à côté des pieds qui ont fleuri.

C'est don Gonzale Hernandez de Oviedo, gouverneur de Saint-Domingue en 1535, qui fit connaître cet excellent fruit aux botanistes de l'Europe. Acosta nous apprend qu'il fut apporté de Santa-Cruz aux Indes occidentales et en Chine, où il était connu en 1518. Quelques auteurs veulent, au contraire, que cette plante, originaire de l'Inde, ait été importée en Amérique.

Ce n'est qu'en 1733 que la culture a obtenu en France les premiers fruits de l'ananas. On parvint à le faire mûrir à Versailles, et Louis XV fit servir à sa table cette année-là les deux premiers ananas qui aient mûri sous

Fig. 18. — Ananas.

ce climat. Dans les pays brûlants, on les préfère aux meilleurs fruits de l'Europe; mais les ananas des serres ne peuvent être comparés pour la saveur exquise et parfumée à l'ananas des Indes.

C'est sous les ardeurs tropicales que ces fruits se présentent dans toute leur splendeur. Il y a des champs qui en contiennent plusieurs milliers (fig. 19, placée en tête de cet ouvrage). Toutes les expositions leur convien-

nent; ils poussent sur les mornes escarpés, près des ruisseaux, sur les bords des fontaines, où brillent leur verdure tendre et leurs fruits dorés :

> L'ananas parfumé, dont les vives odeurs
> Rappellent tous nos fruits et remplacent nos fleurs,
> S'élevait à la fois sur ce brillant rivage;
> Alvar en admirait la richesse sauvage.
>
> (ESMÉNARD.)

Ce fruit facilite la digestion; on en compose une boisson spiritueuse et mousseuse fort agréable, en mélangeant
son écorce avec de l'eau et du sucre; on en fait aussi
une excellente salade, à la manière des salades d'oranges
avec du sucre et des liqueurs fortes. Dans les pays où
l'ananas est très-abondant, on fabrique un vin par la
fermentation de son suc; ce produit, inconnu chez
nous, peut rivaliser avec les meilleurs vins d'Espagne,
pour le bouquet et pour ses propriétés réconfortantes; il
est très-semblable au Malvoisie et pourrait s'expédier
aussi bien en barriques qu'en bouteilles; il se fabrique
surtout aux Antilles, se vend 2 fr. 50 c. la bouteille, et
suivant M. O. Rocke il pourrait facilement descendre à 2 fr.

Les longues feuilles de l'ananas, abondantes en fibres
blanches et très-ténues, sont employées au tissage des
étoffes les plus délicates, recherchées pour leur éclat et
leur fraîcheur. La Réunion reçoit de l'Inde cette étoffe
toute fabriquée, soit en pièces, soit en mouchoirs; les
voyageurs surtout aiment à s'en procurer. J'en ai rapporté quelques échantillons, qui ont ébloui les connaisseurs; cette étoffe par l'usage devient d'une souplesse
extraordinaire et d'un blanc ravissant. On en fait aussi

des lignes de pêche et des cordages très-solides, réputés pour leur conservation dans l'eau. Il est regrettable que l'Europe ne tire encore qu'un si mince parti d'une plante aussi riche d'avenir. L'arome de l'ananas est difficile à concentrer ; il est très-altérable et très-fugace.

Dans le langage des fleurs, cette plante est l'emblème de la perfection.

Fig. 20. — Primevère de Chine.

L'ANÉMONE.

Lieux qu'elle préfère ; Adonis et l'anémone ; variétés de l'anémone ;
curieux stratagème.

L'*anémone*, suivant Pline, est ainsi appelée parce que
c'est le vent, nommé en grec *anemos*, qui la fait éclore.
Flos numquam se aperit nisi vento spirante, unde et nomen

Fig. 21. — Anémone pulsatille.

ejus. (Cette fleur ne s'épanouit que quand le vent souffle,
et c'est de là que vient son nom.)

Elle se compose de jolies plantes vivaces à tige droite et

robuste, à feuilles d'un vert foncé, découpées ; à fleurs doubles, dont les couleurs sont magnifiques et variées.

Fig. 22. — Anémone hépatique.

C'est une des plus belles plantes de nos jardins ; elle fleurit des premières, et annonce le retour du printemps.

L'Inde autrefois nous donna l'anémone,
De nos jardins ornement printanier.
Que tous les ans au retour de l'automne
Un sol nouveau remplace le premier,
Et tous les ans la fleur reconnaissante
Reparaîtra plus belle et plus brillante.
(PARNY.)

Les anémones se plaisent dans les plaines élevées et recherchent des lieux exposés aux vents ; on peut en obtenir presque en toutes saisons, en les plantant à divers mois de l'année.

Ces plantes si brillantes n'ont point d'odeur et se fanent facilement.

Elles sont l'emblème de la fragilité et de l'abandon.

On assure qu'elles sont aussi dangereuses que belles, et qu'elles doivent être mises au rang des poisons âcres, exerçant une action corrosive sur les tissus et stupéfiante sur le système nerveux.

Selon la Fable, Mars, jaloux d'Adonis, le fit tuer à la chasse par un sanglier, et l'anémone naquit du mélange du sang d'Adonis et des larmes de Vénus.

Fig. 23. — Anémone des fleuristes.

On compte plus de trois cents variétés de cette plante, parmi lesquelles on distingue l'*anémone pulsatille*, d'un beau violet quoiqu'un peu sombre ; l'*anémone en ombelle*, des montagnes de Provence; l'*anémone hépatique;* d'un bleu tendre, variant au rose, au violet et au blanc; l'*anémone sylvie*, à fleurs blanches et purpurines; l'*anémone des fleuristes*, reproduisant les couleurs de l'arc-en-ciel, même le vert; elle est un des ornements les plus riches de nos parterres; l'*anémone élégante*, très-propre également ment à la décoration des grands jardins fleuristes et des

Fig. 24. — Anémone élégante.

petits parterres, se recommande particulièrement pour sa floraison automnale.

L'anémone des jardins, originaire du Levant, a été apportée en France par un nommé Bachelier, qui voulut garder ces fleurs pendant huit ou dix années sans en vendre.

Trouvant le terme fixé beaucoup trop long, les curieux , impatients de jouir de cette nouveauté, offrirent
des sommes considérables; mais M. Bachelier étant toujours intraitable, un conseiller au parlement usa d'un
stratagème assez plaisant.

La graine d'anémone ressemble beaucoup à la bourre ;
elle s'attache facilement aux étoffes de laine quand elle
est tout à fait mûre. Le conseiller, vêtu de sa robe de palais et accompagné d'un laquais, vint voir M. Bachelier.

Étant arrivé jusqu'aux planches d'anémones, il fit
tomber la conversation sur une plante qui se trouvait
placée d'un autre côté, et d'un tour de robe effleura
quelques belles anémones, qui laissèrent leurs graines
après l'étoffe. Le laquais releva aussitôt la robe, et la
graine se cacha dans les plis de l'étoffe.

M. Bachelier, qui ne se doutait de rien , fut, quelque
temps après, fort étonné de voir cette fleur se multiplier
dans les jardins , sans qu'il en eût donné une seule graine.

Fig. 25. — Pâquerette double.

L'ARBRE DU VOYAGEUR.

Aspect de l'île de La Réunion, son climat; comment on peut y jouir de toutes les saisons de l'année à la fois; habitations des colons; la Rivière-des-Pluies; la Ressource; panorama incomparable; Paul et Virginie, leur histoire véritable; le comte Alfred de Vigny; l'arbre du voyageur et son onde fraîche.

Comme la plupart des îles, La Réunion a une forme plus ou moins pyramidale, à rebord; c'est ce rebord ou lisière, situé à peu près au niveau de la mer, qui est principalement habité. Il y a fort peu de villages dans l'intérieur de l'île, mais beaucoup d'habitations particulières.

Sur cette lisière qui borde la colonie, la température est, quoique très-élevée, moins intense qu'on ne le pense; la moyenne est comprise entre 24 et 25 degrés. La brise de mer et la brise de terre qui se succèdent matin et soir, rafraîchissent l'atmosphère et y entretiennent une humidité salutaire. Il n'y pleut presque jamais, excepté pendant l'hivernage.

Il y a d'ailleurs une grande facilité de choisir la température que l'on veut.

Comme les montagnes sont très-élevées, elles offrent toutes les saisons à la fois. Au sommet on y voit de la neige et de la glace, et à leur pied se trouvent les chaleurs tropicales, en sorte qu'il suffit de gravir pendant dix minutes, un quart d'heure, pour avoir un changement de température très-marqué.

Aussi les colons tant soit peu aisés ont-ils soin de profiter de cette précieuse faveur de la nature. Ils choisissent deux ou trois habitations à différentes hauteurs, afin d'avoir toute l'année un printemps continuel.

Pendant la saison la moins chaude, ils sont au bord de la mer; ensuite ils vont dans une habitation peu élevée, où la température est moyenne; et dans les grandes chaleurs ils se transportent dans les régions escarpées.

Il est impossible d'exprimer le charme qu'il y a d'avoir ainsi plusieurs habitations à son choix, dans lesquelles on a la faculté de jouir de toutes les températures que l'on peut désirer en toute saison.

J'en avais trois : une à Saint-Denis, capitale de la colonie; une à la Rivière-des-Pluies, et une autre à la Ressource.

La Rivière-des-Pluies, appartenant à M. Desbassayns, vénérable vieillard et président du conseil général, est la plus belle propriété de l'île; on l'appelait autrefois le Versailles de Bourbon. J'habitais un pavillon sur le faîte duquel les arbres qui l'environnaient croisaient leurs branches touffues, de sorte que, lorsque mes fenêtres étaient ouvertes, j'étais véritablement abrité sous un dôme de verdure, dans lequel les oiseaux venaient gazouiller.

Des allées régulières, à perte de vue, formées par de superbes manguiers, étaient entourées de parterres, de bosquets, de jardins, de bois, et de toutes les dépendances d'une petite ville. Chaque grande habitation des colonies se suffit à elle-même et présente une fidèle image des anciens châteaux de la féodalité.

La Ressource, appartenant aussi à M. Desbassayns, habitation pour les grandes chaleurs, présentait un autre

Fig. 20. — Arbre du voyageur.

genre de beauté. On y trouvait moins de luxe artistique, mais la nature y déployait toutes ses splendeurs.

M. Roussin, artiste distingué, a dessiné et décrit tous ces sites enchantés dans l'Album de l'île de La Réunion, dont il est l'auteur, et qui est un vrai monument élevé à la colonie.

Après le dîner, admirant le panorama qui se déroulait jusqu'à l'horizon, je dis à M. Desbassayns que je ne croyais pas qu'il fût possible que la nature, dans le monde entier, pût réunir une plus belle perspective.

« J'ai beaucoup voyagé, me répondit-il, et je n'ai en effet rien vu de pareil, pas même sur les plus splendides points de vue de l'Amérique. »

Le vénérable vieillard me prit alors le bras et m'invita à visiter sa propriété.

Il me fit d'abord jeter un coup d'œil sur les bois touffus, les champs de cannes, les ravins profonds, les cours d'eau qui s'étagent et se superposent de telle sorte que les plans inférieurs ne sont pas du tout masqués, et s'étendent en zones successives plus ou moins variées jusqu'au bord de la mer, qui miroite à perte de vue, et sur l'azur de laquelle se détachaient, comme des nues argentées, de blanches voiles de toutes les parties du monde, qui se donnent rendez-vous et voguent sans cesse vers cette corbeille de laves, de fleurs, d'ombre et de lumière, qu'ils prennent comme centre de ralliement.

Il me fit ensuite remarquer les champs verdoyants qui avaient autrefois appartenu aux parents de Virginie, l'héroïne du roman de Bernardin de Saint-Pierre. Il me raconta l'histoire véritable de Virginie, qui était sa cousine ;

sa mort arriva à peu de chose près comme l'a décrite le célèbre romancier; il me fit voir l'arbre généalogique de la famille, et le rameau qui portait écrit, sur une de ses feuilles, le nom de Virginie.

M. Desbassayns m'avait promis des notes précises sur ce sujet, et je me réjouissais de les offrir à mon illustre ami, le comte Alfred de Vigny, qui, en me donnant le baiser d'adieu m'avait invité à porter ses plus doux sentiments aux régions qui ont inspiré le touchant récit de Bernardin. Mais, hélas! la mort impitoyable nous avertit de compter avec elle, lorsque tout nous dispose à l'oublier.

Il me conduisit successivement auprès des arbres les plus curieux, et surtout à l'arbre du voyageur, espèce de bananier dont toutes les feuilles s'emboîtent les unes dans les autres comme celles de l'iris, de manière à former à la hauteur de deux ou trois mètres un vaste éventail. L'eau qui tombe du ciel et la rosée principalement, s'accumulent à la base de ces feuilles comme dans une coupe naturelle, et s'y conservent très-fraîches; si on perce cette base avec une lame un peu effilée, le liquide s'écoule en un petit filet qu'il est facile de recevoir dans la bouche (fig. 26).

Le vénérable vieillard ouvrit une de ces veines végétales pour me donner l'exemple, et bientôt un grand nombre de ces arbres providentiels furent saignés par moi, et me rafraîchirent de leur sang limpide.

Nous continuâmes notre promenade, mais le lendemain de cette visite je fus curieux de démolir un des arbres du voyageur; il m'inonda de son onde fraîche;

cependant je faillis être puni de cette espèce de profanation de la nature : au moment où je m'y attendais le
moins, un cent-pieds des plus redoutables s'échappa des
éclats que je faisais voler, et il ne s'en fallut que très-
peu que je le reçusse en plein visage. M. Desbassayns en
fut étonné, car, me dit-il, on croit généralement que ces
insectes venimeux fuient ces arbres bienfaisants.

Je suis surpris que Mme Ida Pfeiffer, qui a fait plusieurs
fois le tour du monde, n'ait pas trouvé l'occasion de s'assurer de la précieuse propriété que possède l'arbre du
voyageur, de conserver une eau douce et limpide, et que
les naturels des pays qu'elle a parcourus n'aient pu éclaircir les doutes qu'elle émet à cet égard. Il n'est plus nécessaire de faire le tour du monde pour étudier cet arbre
providentiel, car on l'élève maintenant dans nos serres,
dans nos jardins de Paris.

Fig. 27. — Azalée fleur-de-lis.

LA BALSAMINE.

Son origine ; curieuse élasticité de son fruit ; ses propriétés.

Balsamine vient de *balsamum*, baume. On appelle ainsi ce genre de plante probablement parce que plusieurs espèces s'emploient comme vulnéraires.

Fig. 28. — Balsamine camellia.

Cette plante, originaire de l'Inde, est cultivée dans les jardins, dont elle fait en automne le plus bel orne- ment. Elle offre de nombreuses variétés, à fleurs simples

et doubles, roses, rouges, blanches, violettes, pana-
chées, etc.

Son fruit est une capsule à cinq valves, qui dans la
maturité s'ouvre avec élasticité, en se roulant en spirale.
Cette propriété lui a fait donner par Linné le nom d'*im-
patiente*.

L'espèce de balsamine où cette élasticité est le plus sensible est la *balsamine des bois, noli me tangere*, qui vient
naturellement dans les forêts ombreuses et humides de
l'Europe septentrionale ; à peine la touche-t-on, que ses
valves éclatent de toutes parts. Les *balsamines camellias*
ont des fleurs énormes, très-pleines et très-régulières,
qui rappellent celles de l'arbuste dont elles portent le
nom (fig. 28).

Cette plante est âcre et vénéneuse ; ses feuilles et ses
fleurs teignent la laine en rouge ; elle est employée en
médecine comme diurétique.

Dans le langage des fleurs, la balsamine est l'emblème
de l'impatience.

Fig. 29. — Pétunia pourpre.

LE BAMBOU.

Sa description; sa culture; harmonie ineffable que lui fait rendre l'ouragan; chants que lui font produire les cœurs souffrants et les âmes sympathiques; sa croissance étonnante; usage barbare; le bambou dans l'économie domestique; applications merveilleuses du bambou; haies défensives; plateaux de déjeuner de Marie-Antoinette.

I

Les curieux et les amateurs ont pu admirer à l'Exposition universelle, dans le compartiment réservé à la Chine, le bambou et ses merveilleux produits.

Le parti que les Chinois, peuple patient et industrieux par excellence, ont su tirer de ce gigantesque chalumeau, dépasse réellement tout ce que l'imagination peut rêver.

Le bambou s'élève à l'égal des plus grands arbres; il se balance majestueusement, et présente le spectacle, à la fois imposant et gracieux, d'immenses panaches de verdure de la plus somptueuse élégance (fig. 30).

Il atteint jusqu'à 30 et 40 mètres de hauteur; sa tige cylindrique, polie, luisante, d'une belle couleur vert jaunâtre, est entrecoupée de gros nœuds, et produit des rameaux de même nature, d'autant plus courts qu'ils approchent davantage de la pointe des tiges; ils se chargent d'une multitude de feuilles du vert le plus tendre et d'une excessive mobilité.

On cultive souvent le bambou en haies immenses, au pourtour des grandes habitations. Ces haies sont appelées balisage. Elles offrent un effet des plus grandioses; le frottement de ces tiges élevées, dures et polies comme de l'acier, flexibles comme un jonc, les échauffe et les embrase quelquefois sous le souffle de la tempête.

Elles produisent lorsqu'elles sont agitées un bruit ou plutôt des bruits, des grincements, des gémissements violents, terribles, pleins de mystère; on dirait les disputes, les cris, les chants lugubres des ombres et des fantômes qui nous parviennent de l'autre monde. Ces bruits inspirent de la terreur lorsqu'on les entend pour la première fois, mais que de charmes on leur trouve ensuite!

Dans une délicieuse demeure que l'on nomme la Ressource, à l'île de La Réunion, et dont j'ai parlé précédemment, je découvris une allée formée par des balisages de bambous, tellement sombre, tellement épaisse et élevée, qu'il me serait difficile d'en donner une idée. Elle était comme percée au milieu d'un bois de ces gigantesques chalumeaux, et lorsque l'orage les agitait, elle produisait une harmonie si plaintive, si langoureuse, en même temps si terrible et si pleine de poésie, que je passais souvent une grande partie de la nuit à l'écouter.

Quand je me rappelle cette harmonie enchanteresse, j'éprouve comme une espèce de nostalgie de ne pouvoir plus l'entendre.

Je ne suis pas étonné de ce que l'on raconte de ces tiges élancées et sonores.

Dans les pays fortunés qu'ombrage le bambou, les amants heureux et les cœurs souffrants, dit-on, font des

Fig. 30. — Balisage de bambous.

trous à ces longs chalumeaux, et les combinent de telle manière que lorsque le vent souffle ils rendent l'expression fidèle de leur joie ou de leur douleur.

Rien n'est si doux que les accents que font produire ainsi les âmes sympathiques aux brises du soir qui viennent chanter dans ces chaumes harmonieux, devenus tout à la fois harpes et flûtes éoliennes.

Le bambou croît avec une rapidité phénoménale; dans des conditions favorables, on a constaté un développement de plus de 8 centimètres en vingt-quatre heures. La nuit surtout est favorable à cet accroissement. Dans certains cantons de la Chine, on fait une terrible et atroce application de cette propriété, en infligeant aux jeunes bambous tout à la fois l'office de pal et de bourreau : lorsque le soleil est couché, on asseoit le patient sur un siége placé à la hauteur de la jeune pousse, et le matin ses entrailles sont déchirées. La puissance de la végétation force le bambou à se frayer un passage dans les chairs palpitantes de la malheureuse victime.

Je me crois presque obligé de demander pardon au lecteur d'avoir rapporté cet usage barbare, tant il est horrible, et d'autant plus révoltant que c'est presque profaner un arbre national; car les services que le bambou rend aux Chinois sont si nombreux et si importants, qu'il mérite ce nom à juste titre.

II

Les jeunes bourgeons des bambous constituent un légume tendre et délicat; ils peuvent être mangés comme les asperges et être accommodés de diverses manières; bouillis, assaisonnés et confits, ils produisent d'excellentes conserves, tellement recherchées qu'elles forment une branche assez importante du commerce intérieur et figurent au banquet des grands. Les prêtres de Bouddha, qui font vœu d'abstinence et s'astreignent à un régime alimentaire végétal, ont trouvé dans ce mets une ressource presque égale à celle que le poisson offre à notre clergé et à ceux qui se soumettent à l'abstinence.

Le bambou est employé pour les vergues des voiles, pour la construction des échafaudages et même des maisons, pour la conduite des eaux; il entre aussi dans la confection de la plupart des instruments aratoires.

Ce sont des perches de bambous qui servent à porter, à soutenir, à pousser les fardeaux; c'est de bambou que sont faites les différentes mesures, le seau à puiser l'eau, le manche de la lance du soldat, les claies des chevaux de frise, aussi bien que le montant des parasols et des éventails; c'est en bambou qu'est tressé le large chapeau de l'homme du peuple; c'est sa tige qui, découpée de diverses grandeurs, se métamorphose en paniers aux formes variées, en tentes et en câbles pour la marine; sa racine se convertit sous une main habile en magots et en sculptures; enfin, le lit, le matelas, la chaise, la table du Chinois, sa pipe, les baguettes avec lesquelles il prend sa nourriture, le balai de sa chambre, le papier sur lequel il écrit, le pinceau qui trace les caractères, etc., tout cela est fourni par le bambou.

Une espèce de bambou, abondant aux îles Moluques,

a le bois si dur, que, lorsqu'on le coupe, il rend des étin-
celles ; ses articulations sont couvertes de gaines ridées
comme une peau de requin ou de chien de mer : elles
servent à polir le fer et les os.

Les habitants des Moluques et de Java font, avec les tiges
de ce bambou, des flûtes, des bâtons de perroquet, des
baguettes de pêche, des calumets, des javelots empoisonnés
et d'excellentes piques ou zagayes, dont l'extrémité, tail-
lée en pointe et légèrement passée au feu, perce de part
en part le corps des hommes contre lesquels on les lance.
Ils en font des cannes de promenade, qui sont très-
estimées en Europe, surtout lorsqu'elles sont effilées et
d'une belle forme. Leur légèreté, leur flexibilité et leur
solidité les font principalement rechercher. Celles qui réunissent toutes les qualités dont elles sont susceptibles deviennent des objets de curiosité, et se vendent à des prix
très-élevés.

Les articulations du bambou étant pleines, très-solides
et se décomposant difficilement, sont employées en pieux,
dont les Macassares forment des haies défensives, qui
tiennent lieu de remparts. Leur roi étant en guerre avec
les Hollandais, en 1651, pour se retrancher, fit planter
deux rangées parallèles de ces pieux, à un mètre de distance l'une de l'autre ; elles étaient unies par des liens, et
fermées par des claies également de bambou ; le milieu
était rempli de branches, de terre et de sable, et formait
un massif à l'abri du canon européen.

Marie-Antoinette possédait deux plateaux de déjeuner
qui avaient près de quatre-vingts centimètres de diamètre, d'une seule pièce, et formés chacun d'une seule

tranche de bambou. Il est excessivement rare de voir ces arbres atteindre cette dimension. Ces plateaux étaient un présent offert par l'empereur de Chine.

Ceux qui ont visité l'exposition chinoise de 1867 ont été à même d'apprécier les produits de cet arbre étonnant, qui deviendrait un vrai trésor pour la France s'il était possible de l'acclimater dans quelques-uns de nos départements.

Fig. 31. — Magnolia à grandes fleurs.

LE BLÉ.

Son origine; le blé et la Fable; le blé et l'empereur Ching-Nong; cause de l'insuffisance des récoltes de blé en France; les cécidomyes du froment; leurs mœurs curieuses; leur influence désastreuse; instinct merveilleux de leurs ennemis; comment cet instinct permet aux récoltes de revenir à leur état normal.

Le blé ou bled, du saxon *blad*, est une plante de la famille des graminées, connue de tout le monde et dont la description serait ici parfaitement inutile.

On appelle vulgairement *blé* toute espèce de céréales; *gros blés*, les froments et les seigles; *blé méteil*, le blé moitié froment moitié seigle; *petit blé*, l'orge, l'avoine, le millet, le sarrasin.

Le sarrasin ou *blé noir* (fig. 32) est originaire d'Asie; il a été transporté en Afrique et introduit en Europe par les Maures d'Espagne, ou *Sarrasins*, qui lui ont donné leur nom. Il sert à la nourriture des habitants de beaucoup de pays, qui sans lui seraient réduits à la plus affreuse misère. Les paysans de la Bretagne en font leur principale subsistance; les volailles, les bestiaux le mangent avec plaisir, et sa rapide croissance en fait un sujet précieux de culture.

Mais le *blé* par excellence est le pur froment; lorsque l'on dit *blé* simplement, on entend toujours le froment.

Le froment ayant été de tout temps considéré comme la plus importante des plantes cultivées, a constamment attiré l'attention des naturalistes, des agriculteurs et des artistes. L'examen des épis et des grains de blé conservés dans les tombeaux égyptiens, les grains carbonisés que l'on trouve au fond des lacs de la Suisse, les figures de froment que l'on reconnaît sur les monuments les plus anciens, ou celles que l'on admire sur les médailles grecques nous apprennent que dès la plus haute antiquité il a existé un grand nombre de variétés de froments. Le *blé de Flandre*, ou *blanzé*, est un des plus beaux; c'est le type de la plupart des variétés très-perfectionnées qui nous sont venues d'Angleterre dans ces dernières années; il est cultivé dans presque tous les cantons riches du nord de la France (fig. 33 . Le *blé de mi-*

Fig. 32. — Le sarrasin.

racle est un froment qui tente tous les nouveaux agriculteurs par la magnifique apparence de son épi, large et rameux, et qui souvent contient jusqu'à 180 grains; mais on renonce vite à la culture en grand de ce blé, car souvent il gèle ou reste maigre et d'un aspect misérable, s'il

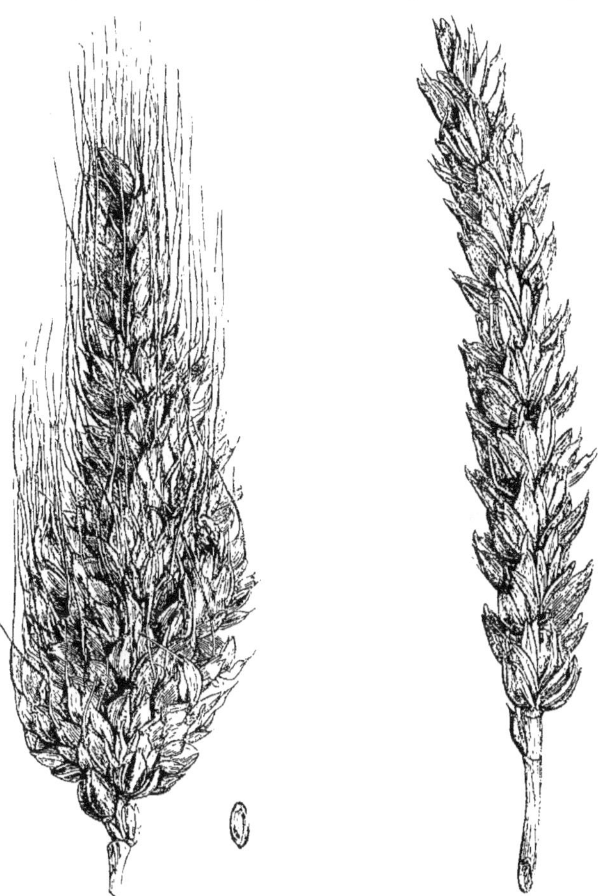

Fig. 34. — Blé de miracle   Fig. 33. — Blé de Flandre·

n'a pas été semé au printemps dans des circonstances exceptionnellement bonnes (fig. 34).

Les expériences pleines d'avenir que l'on fait maintenant dans un grand nombre de fermes modèles, principalement dans celle de Vincennes (ferme de Vincennes, fig. 35), sur la loi de la restitution en agriculture, loi qui consiste à rendre au sol les éléments que les plantes lui ont ravis, et dont M. Georges Ville est un des ingénieux et ardents promoteurs, apporteront certainement d'heureuses modifications dans la culture du froment.

L'origine du blé se perd donc dans la nuit des temps; on ne le trouve pas aujourd'hui à l'état naturel, et l'on doit présumer qu'il n'est qu'une transformation opérée par la culture d'une espèce inférieure, comme l'épautre ou la fétuque flottante.

La Fable a fait honneur de l'introduction du blé, tantôt à Osiris, divinité de l'Égypte, tantôt à Cérès, qui l'aurait cultivé d'abord dans les plaines d'Enna, en Sicile. Les Athéniens, les Crétois et plusieurs autres peuples se disputaient l'honneur de l'avoir cultivé les premiers. Ce qui est certain, c'est que sa culture était en honneur en Chine bien des siècles avant nos temps historiques.

Les Chinois attribuent à Ching-Nong, le second des neuf empereurs de la Chine qui précédèrent l'établissement des dynasties, la découverte du blé, du riz, du mil et des pois.

Ching-Nong s'était appliqué, dit-on, depuis longtemps à observer un grand nombre de plantes et à examiner la nature des graines qu'elles produisent. Après avoir fait quelques essais qui justifièrent les conjectures qu'il avait formées sur la propriété nutritive de ces céréales, il fit recueillir une quantité suffisante de ces différents grains,

Fig. 35. — Ferme de Vincennes (domaine de la Couronne).

défricher de vastes terrains et tracer les premiers champs qui offrirent bientôt le coup d'œil agréable de la culture.

Ravi de ce succès, Ching-Nong inventa plusieurs instruments aratoires, parmi lesquels est la charrue qui porte son nom et dont les Chinois font encore usage.

L'insuffisance des récoltes de blé en France, il y a quelques années, est un fait dont tout le monde a ressenti les déplorables conséquences, et qui a été rappelé de nouveau, d'une manière officielle, par le projet de budget pour 1867. Un fait également constant, c'est que ce déficit a eu pour cause principale le petit nombre de grains que contenaient les épis. On entendait se plaindre partout de la multiplication d'épis maigres et incomplets : les uns presque vides, n'ayant que trois ou quatre grains; les autres ne donnant que la moitié, les trois quarts ou toute autre proportion restrictive de ce qu'ils devaient produire. On disait aussi qu'à côté de grains bien enflés, bien conformés, d'autres étaient mal nourris et difformes.

Ces phénomènes étaient produits par les ravages désastreux d'une sorte de cousins de la plus petite espèce, appelés *cécidomyes*, qui venaient déposer leurs œufs à l'endroit même où le grain se produit. Ces œufs donnaient naissance à des larves blanchâtres, qui devenaient bientôt d'un jaune vif; elles se nourrissaient des sucs destinés à nourrir le grain de blé, qui se trouvait ainsi détruit en totalité ou en partie.

Mais, chose curieuse, une autre espèce d'insecte venait introduire ses œufs par le moyen d'une tarière fine et déliée dans le corps même des larves de la cécidomye.

Il y a donc, d'une part, des œufs de cécidomyes qui

produisent des larves vivant aux dépens du blé, et, de l'autre, des œufs de parasites, qui donnent naissance à des larves vivant de la substance même des cécidomyes. Tout ce que celles-ci absorbent de suc nourricier aboutit aux autres ; les larves des cécidomyes, minées par ces ennemis qu'elles nourrissent dans leur sein, périront, et il sortira de leur enveloppe, non des ennemis du blé, mais des insectes protecteurs. C'est un fait qui se produit souvent en histoire naturelle : une chenille a été piquée par un parasite, au lieu du papillon attendu, une mouche sort de sa chrysalide.

Si chaque larve de cécidomye renfermait dans son sein une larve de parasite, l'année suivante pas une seule cécidomye ne survivrait. Il a été remarqué, en Amérique, qu'au bout de deux ou trois ans de ravages considérables par les cécidomyes, les parasites prenaient le dessus, et les récoltes revenaient à leur état normal de production. Les cécidomyes se multipliant alors dans d'autres régions, le parasite les suivait, et là encore, après quelques années de mauvaises récoltes, l'équilibre se rétablissait. Il n'y a pas longtemps que ces phénomènes ont été observés par M. Bazin ; j'ai pu moi-même les vérifier dans sa ferme modèle du Mesnil-Saint-Firmin.

LE CACAOYER.

Sa description; sa préparation; sa torréfaction; sa réduction en pâte; fabrication du chocolat; ses sophistications; ses propriétés; observation de Brillat-Savarin; chocolat des affligés; préparation magistrale du chocolat.

Le *cacao* est la semence d'un arbre qui croît naturellement sous la zone torride, dans diverses contrées de l'Amérique méridionale, et particulièrement dans la Guyane, au Mexique et sur la côte de Caraque.

Cet arbre, de moyenne stature, a des rameaux garnis de feuilles alternes et pétiolées, qui se renouvellent sans cesse, en sorte qu'il n'en paraît jamais dépouillé. Il est chargé en tout temps d'une grande quantité de fleurs, petites et sans odeur, éparses et disposées en faisceaux sur le tronc et sur les branches.

La semence de cet arbre est connue de tout le monde; elle est renfermée dans une capsule coriace ayant à peu près la forme d'un concombre à surface raboteuse; l'intérieur est partagé en cinq loges, remplies d'une pulpe blanchâtre, gélatineuse et d'une acidité agréable, dans laquelle sont enveloppées des semences ou amandes attachées à un placenta commun et central. Ce sont ces semences qui constituent le cacao ordinaire (fig. 36).

On distingue deux sortes principales de cacaos : le *cacao caraque* ou *terré*, et le *cacao des îles*. On donne la préférence au premier pour les chocolats surfins; sa saveur est beaucoup plus douce et plus agréable que celle de l'autre, mais il a moins d'onctuosité. Les chocolatiers les mélangent à parties égales ou à raison d'un tiers de caraque.

Dans l'origine, les aromates servirent seuls de condiment à la pâte de cacao; mais aussitôt que le sucre fut connu, on eut l'idée de l'y associer, et c'est de cette époque que date véritablement la préparation du chocolat tel que nous l'employons aujourd'hui.

Les sophistications du chocolat sont très-nombreuses; les fabricants les moins scrupuleux commencent par enlever au cacao le beurre, ou la matière grasse qu'il contient, et la vendent à part; ils la remplacent par de l'huile d'olive ou d'amandes douces. D'autres y mélangent une assez grande quantité de farine ou de fécule, qu'ils appellent *sucre royal;* ou bien ils n'emploient que du cacao d'une qualité inférieure et du sucre brut, et font ainsi du chocolat à tout prix, qu'ils ont soin d'aromatiser fortement afin d'en masquer le mauvais goût. Quelquefois ils substituent à la vanille des aromates beaucoup moins chers, tels que le baume du Pérou, le storax calamite, etc.

La bonne qualité du chocolat se reconnaît à sa cassure, qui ne doit présenter ni yeux, ni cavité, ni rien de graveleux. La saveur amère ou marinée, ou de moisi, annonce que le cacao employé était trop vert, trop grillé, ou avarié. Cuit dans l'eau ou dans le lait, il ne prend qu'une médiocre consistance; dans le cas contraire, surtout si le premier bouillon laisse exhaler une odeur de colle, cela indique le mélange d'une matière farineuse. L'odeur de fromage indique aussi le même mélange; la rancidité, celui de semences émulsives.

Souvent on accroît la quantité nutritive du chocolat en y ajoutant d'autres substances alimentaires de facile digestion, telles que le salep, le tapioca, l'osmazome.

Souvent aussi on profite de sa saveur agréable pour administrer des médicaments vermifuges ou purgatifs aux enfants.

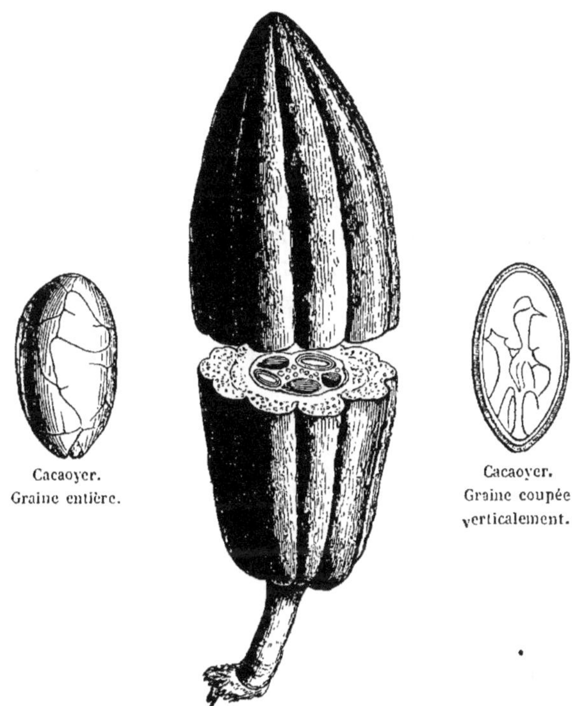

Fig. 36. — Cacaoyer. Fruit réduit au tiers.

On prépare également un chocolat au lichen ; mais alors ce n'est pas par simple addition de la substance elle-même. On sépare d'abord toutes les parties solubles du lichen au moyen de l'eau ; puis on évapore en consistance d'extrait, qu'on fait ensuite dessécher à l'étuve. C'est cet extrait sec et réduit que l'on ajoute au chocolat.

Préparé avec soin, le chocolat est un aliment aussi salutaire qu'agréable ; il est nourrissant, fortifiant et stomachique ; peu de substances contiennent, à volume égal, plus de particules alimentaires ; il s'animalise presque entièrement sans fatiguer l'estomac ; c'est un des aliments qui conviennent parfaitement aux gens de lettres, car la digestion en est très-facile ; il est excellent pour les estomacs faibles, et devient la dernière ressource dans les affections du pylore. Il n'a pas pour la beauté les inconvénients que l'on reproche au café : il peut même en être le remède.

Quelques personnes se plaignent de ne pouvoir digérer le chocolat ; d'autres, au contraire, prétendent qu'il ne les nourrit pas assez et qu'il passe trop vite. Laissons Brillat-Savarin leur répondre :

« Il est très-probable que les premiers doivent ne s'en prendre qu'à eux-mêmes, et que le chocolat dont ils usent est de mauvaise qualité et mal fabriqué, car le chocolat bon et bien fait doit passer dans tout estomac où il y a un peu de pouvoir digestif.

« Quant aux autres, le remède est facile ; il faut qu'ils renforcent leur déjeuner par le petit pâté, la côtelette et le rognon à la brochette ; qu'ils versent sur le tout un bon bol de sokomusco (chocolat), et qu'ils remercient Dieu de leur avoir donné un estomac d'une activité supérieure. »

Brillat-Savarin continue :

« Ceci me donne occasion de consigner ici une observation sur l'exactitude de laquelle on peut compter.

« Quand on a bien et copieusement déjeuné, si on avale sur le tout une ample tasse de chocolat, on aura parfaite-

ment digéré trois heures après, et on dînera quand même…
Par zèle pour la science, et à force d'éloquence, j'ai fait
tenter cette expérience à bien des dames qui assuraient
qu'elles en mourraient; elles s'en sont trouvées à merveille, et n'ont pas manqué de glorifier le professeur. »

La plupart des excitants produisent momentanément
un surcroît de vie, et laissent ensuite tomber dans un
certain état de faiblesse. Le chocolat, au contraire, ne
jette dans aucun extrême; ceux qui en font usage jouissent d'une santé plus constamment égale, leur embonpoint est plus stationnaire, et ils sont moins sujets à
une foule de maux qui assiègent la vie.

« Que tout homme, dit le spirituel auteur de la *Physiologie du goût* [1], qui aura passé à travailler une portion
notable du temps qu'on doit employer à dormir; que tout
homme d'esprit qui se sentira temporairement devenu
bête; que tout homme qui trouvera l'air humide, le temps
long et l'atmosphère difficile à porter; que tout homme
qui se sentira tourmenté d'une idée fixe qui lui ôte la liberté de penser; que tous ceux-là, disons-nous, s'admi-
nistrent un bon demi-litre de chocolat ambré, à raison
de 60 à 72 grains d'ambre par demi-kilogramme; ils
verront merveille.

« Dans ma manière particulière de spécifier les choses,
je nomme le chocolat à l'ambre *chocolat des affligés*,
parce que dans chacun des divers états que j'ai désignés
on éprouve je ne sais quel sentiment qui leur est commun
et qui ressemble à l'affliction. »

[1] Voir *Classiques de la table*, tome I, p. 96, 2 vol., 8 fr.

Brillat-Savarin n'exagère pas les qualités du chocolat ambré, mais il est regrettable que ce chocolat revienne un peu cher.

Les Mexicains paraissent être les premiers peuples qui aient eu l'idée d'employer comme aliment et en breuvage la décoction dans l'eau de la graine de cacao, légèrement torréfiée et pulvérisée, à laquelle ils ajoutaient quelques aromates plus ou moins âcres et excitants.

En 1520, les conquérants du Mexique trouvèrent dans ce pays l'usage du chocolat établi depuis un temps immémorial ; aussitôt que cet aliment fut connu en Europe, il se propagea avec rapidité, et la consommation en est devenue si considérable, que le cacao forme maintenant une branche importante de commerce.

Les Américains préparent leur pâte de cacao sans sucre. Lorsqu'ils veulent prendre du chocolat, chacun râpe dans sa tasse la quantité qu'il veut de cacao, verse de l'eau bouillante dessus, et ajoute le sucre et les aromates comme il le juge convenable.

Chez nous, pour avoir du bon chocolat, on le casse par morceaux sans le râcler ni le piler, parce que la pression ou le frottement lui font perdre une partie de ses bonnes qualités et le rendent plus fade.

Pour une tasse, on fait dissoudre doucement cinquante grammes de chocolat dans l'eau ; à mesure qu'elle s'échauffe on la remue avec une spatule de bois ; on la fait bouillir pendant un quart d'heure pour que la solution prenne consistance, et on sert chaud.

« Monsieur, disait, un jour à Brillat-Savarin Mme d'Arentel, supérieure du couvent de la Visitation, à Belley, quand vous voudrez du bon chocolat, faites-le faire dès la veille, dans une cafetière de faïence, et laissez-le là. Le repos de la nuit le concentre et lui donne un velouté qui le rend bien meilleur. Le bon Dieu ne peut pas s'offenser de ce petit raffinement, car il est de lui-même tout excellence. »

Pour cela, nous croyons que le conseil de la bonne sœur vaut mieux que celui du premier chimiste du monde.

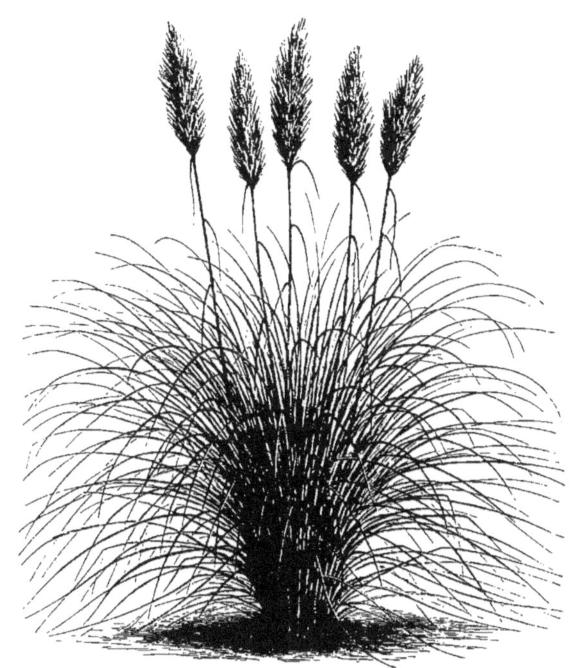

Fig. 37. — Gynérium argenté (espèce de Pampas).

LE CAFÉIER.

Le *café* est la semence d'un arbre originaire de la haute Éthiopie; il s'élève environ à la hauteur de 5 à 6 mètres; son tronc pousse d'espace en espace, vers sa partie supérieure, des branches opposées deux à deux, et situées de manière qu'une paire croise l'autre; les feuilles ressemblent assez à celles du laurier commun, quoique moins sèches et moins épaisses.

De l'aisselle de la plupart des feuilles sortent de petits groupes de fleurs blanches, qui ont l'aspect des fleurs du jasmin d'Espagne; elles passent fort vite, et sont remplacées par une espèce de baie qui a l'apparence d'une cerise. Cette baie renferme une pulpe glaireuse, jaunâtre, qui sert d'enveloppe à deux petites graines ou fèves, que l'on nous expédie dans le commerce sous le nom de café.

Le caféier croît aussi spontanément dans l'Arabie Heureuse; ce fut vers la fin du quinzième siècle que l'on commença à le récolter. Les historiens attribuent communément l'origine de l'usage du café au supérieur d'un monastère d'Arabie qui, voulant empêcher les moines de dormir aux offices nocturnes, leur en fit boire l'infusion, sur la foi des bergers, qui prétendaient que leurs troupeaux étaient plus vifs et plus éveillés lorsqu'ils avaient brouté le fruit du caféier.

D'autres assurent que ce fut un derviche qui le premier en fit usage, pour se délivrer d'un assoupissement continuel qui l'empêchait de remplir ses devoirs religieux.

La propagation de l'usage du café se répandit rapidement, quoiqu'elle eût à lutter contre beaucoup d'entraves de la part des gouvernements, lorsqu'elle devint une occasion de réunions publiques.

Ce ne fut qu'en 1554, sous le règne de Soliman le Grand, que le café prit crédit à Constantinople; il s'écoula près d'un siècle avant que l'on en adóptât l'usage à Londres et à Paris. Ce n'est que trois ans après l'ambassade de Soliman-Aga que s'ouvrit à Paris le premier café public.

Dans l'importante discussion sur l'authenticité des pièces attribuées à Pascal, le célèbre philosophe, qui a eu lieu récemment à l'Académie des sciences, M. Faugère a puisé un de ses arguments dans l'origine de l'usage du café. Il s'agissait de l'une des notes que Pascal aurait envoyées à Boyle en 1652 : « On donne, est-il dit dans cette note, comme un effet de la vertu attractive la mousse qui flotte sur une tasse de café, et qui se porte avec une précipitation très-sensible vers les bords du vase.... »

« Une pareille observation, dit M. Faugère, suppose que l'usage du café était déjà répandu en France du temps de Pascal. Or, ce ne fut qu'en 1669, c'est-à-dire

Fig. 38 — Caféier.

sept ans environ après sa mort, que Soliman-Aga, ambassadeur de Turquie auprès de Louis XIV, introduisit dans la société parisienne l'usage du café. »

M. Ed. Fournier a également cité la phrase relative à la mousse du café; il a ajouté : « La première mention que je connaisse à Paris de l'usage du café se trouve dans la *Muse Dauphine* du 2 décembre 1666, quatre ans après la mort de Pascal...

M. Chasles a répondu en faisant remarquer qu'on lit dans le dictionnaire de Bouillet : « On prit du café pour la « première fois à Venise en 1615, et à Marseille en 1654. « Le voyageur Thévenot l'apporta à Paris en 1657; mais « ce fut l'ambassadeur Soliman-Aga qui le mit tout à fait « à la mode en 1669. »

Plus loin il cite un érudit, littérateur et antiquaire, Dufour, né en 1622, qui était en relation principalement avec tous les voyageurs de son temps, et qui composa en 1671 un livre : *De l'usage du caphé, du thé et du chocolate,* réimprimé en 1684 avec de grands changements, sous le titre de *Traitez nouveaux et curieux du café, du thé et du chocolate;* on lit dans cette édition : « Le café n'a été connu en France que depuis environ quarante ans; et si je ne me trompe, il n'y en a guère plus de vingt-cinq que l'on a commencé à s'en servir. Apparemment il a été plusieurs années en usage chez les particuliers, avant que de passer dans la connoissance du public. »

M. Chasles ajoute : « Ainsi, d'après Dufour, le café avait été en usage chez les particuliers environ quarante ans avant 1684, c'est-à-dire vers 1644. On peut croire assurément que Pascal, qui était jeune alors, répandu dans

le monde et avide de tout progrès, n'aura point été des
derniers à connaître le café; qu'il l'a donc connu, goûté,
expérimenté bien avant l'année 1652, date attribuée à
la note où il en parle. »

Le premier café public ouvert à Paris fut formé en 1672,
à la foire de Saint-Germain, par un Arménien nommé
Pascal. Curieux rapprochement, ce cafetier portait le
même nom que le philosophe illustre dont nous venons de
parler, et ces deux noms sont rapprochés ici par les circonstances actuelles d'une manière bien inattendue; après
la foire, Pascal transporta sa boutique dans la rue de Buci.

D'autres personnes suivirent l'exemple de l'Arménien,
et au lieu d'attendre le consommateur au comptoir, beaucoup allaient le chercher dans les rues, ceints d'une ser-
viette blanche, portant devant eux un éventaire en fer-
blanc, où se trouvaient un réchaud et tous les ustensiles
nécessaires à la confection du café. Ils parcouraient la
ville en annonçant à grands cris leur nouvelle liqueur.

Ils ne la vendaient que deux sous la tasse; malgré cela,
ils ne réussirent guère, parce que, quoique fort recherché
de la bonne compagnie, le café n'était point entré dans
les goûts populaires.

Ceux qui le distribuaient dans les tavernes où l'on fumait et où l'on buvait de la bière, ce qui était alors de
mauvais ton, ne réussirent pas davantage.

Grégoire et Procope, deux garçons employés par les
Arméniens, établirent des cafés plus convenables dans la
rue des Fossés-Saint-Germain-des-Prés, vis-à-vis de la
Comédie française.

Lamotte, Piron et Voltaire devinrent les habitués du

café Procope ; on y montre encore la place qu'avait adoptée J.-J. Rousseau.

Alors les femmes n'osaient entrer dans les cafés, mais elles faisaient souvent arrêter leur carrosse devant ces établissements, et demandaient de la liqueur à la mode, qu'on leur passait par la portière dans des soucoupes d'argent.

Toutes les puissances européennes qui avaient des colonies placées entre les tropiques songèrent à y cultiver le caféier dès que l'usage du café se fut répandu. Les Hollandais, les premiers, transportèrent cet arbrisseau de Moka à Batavia, et de Batavia à Amsterdam. En 1714, les habitants de cette ville en envoyèrent un pied à Louis XIV : il fut élevé dans les serres du Jardin du Roi, et servit pour les premières plantations de nos îles d'Amérique.

C'est encore dans l'Arabie Heureuse, et principalement dans le royaume d'Yémen, vers les cantons d'Aden et de Moka, que se trouvent les plus grandes plantations de caféiers. Quoique ces contrées aient une température très-chaude, leurs montagnes sont froides vers le sommet, et le caféier est ordinairement cultivé à mi-côte. Dans la plaine, il est toujours environné de quelques arbres qui empêchent ses fruits de se dessécher avant leur maturité, en les garantissant de l'ardeur du soleil (fig. 38).

La récolte du café se fait à trois époques : la plus grande a lieu en mai; on commence par étendre des pièces de toile sous l'arbre, puis on agite fortement les branches, et on expose ensuite les fruits sur des nattes, pour les faire sécher.

Lorsque les fruits sont secs, on fait passer sur eux un rouleau très-pesant pour en briser l'enveloppe, qui se sépare ensuite entièrement par le vannage; on les fait de nouveau sécher avant de les emmagasiner.

Le café le plus estimé est celui qui nous vient d'Arabie, et qui porte dans le commerce le nom de café Moka. Il est d'un grain petit, arrondi, d'une odeur et d'une saveur agréables et d'une couleur jaunâtre.

Le Martinique vient ensuite ; il est plus volumineux et plus allongé, arrondi vers ses extrémités ; sa couleur est verdâtre ; il conserve presque toujours une pellicule grise argentine, qui se détache par la torréfaction. Cette qualité est très-estimée pour la force et la franchise de goût.

Le café de Saint-Domingue diffère peu du Martinique; cependant il est encore plus volumineux et plus allongé, et ce qui le distingue surtout, c'est que ses deux extrémités sont terminées en pointe ; sa pellicule est rougeâtre. Souvent le café de Saint-Domingue est acide; il est peu recherché.

Le café Bourbon a beaucoup de ressemblance avec le Moka; les grains sont seulement plus réguliers dans leur ensemble; le parfum en est agréable, mais faible.

On grille le café pour lui faire perdre sa ténacité et pour développer son parfum. Trop de chaleur détruit les principes qu'il faut conserver, et cette ambroisie que le gourmet savoure avec tant de délices est remplacée par une saveur amère et empyreumatique, qui répugne beaucoup plus qu'elle ne plaît.

Si l'on emploie une chaleur trop modérée, la verdeur du grain se conserve et retient le bouquet qui ne se ma-

nifeste qu'à une température plus élevée. Il faut donc
savoir saisir un degré convenable de chaleur.

Fig. 39. — Caféier d'Arabie.

Le grain bien torréfié doit avoir une teinte chocolat
très-égale ; ce point est facile à reconnaître pour celui qui
a quelque habitude de cette opération ; il n'a pas même

besoin de voir le café, l'odeur lui suffit. C'est lorsque le parfum se développe et que toute l'atmosphère environnante est embaumée, qu'il convient d'arrêter. Plus tard l'odeur de pipe se manifeste; ce n'est plus du café, mais un mauvais charbon que l'on obtient. Les amateurs attachent une très-grande importance à cette préparation; beaucoup brûlent leur café eux-mêmes.

Qu'on fasse la torréfaction en vaisseaux clos ou à l'air libre, qu'on laisse le café refroidir dans la broche ou qu'on le fasse ressuyer entre des linges, tout cela devient à peu près indifférent. Cependant, si l'on a outre-passé le point, on doit se hâter d'arrêter l'action de la chaleur en étalant le café en couche mince au grand air, pour déterminer un prompt refroidissement.

Lorsque le grain est parfaitement refroidi et qu'il ne laisse plus échapper aucune vapeur humide, on l'enferme dans des boîtes de fer-blanc ou de bois exactement closes et mises à l'abri de l'humidité.

Il ne faut broyer le café qu'au moment de l'employer; autrement il s'évente, et son bouquet se dissipe.

Dans le café il se trouve un principe résinoïde âcre et amer, qui ne se dissout bien qu'à la faveur d'une température élevée; il suffit donc pour l'éviter de ne pas employer une chaleur trop forte, qui aurait de plus l'inconvénient de faire dégager une grande quantité de vapeur, laquelle entraînerait les parties volatiles et dissiperait le parfum si recherché des amateurs; ce café n'aurait plus aucun prix pour eux.

« Il y a quelques années, dit Brillat-Savarin, que toutes les idées se portèrent simultanément sur la meilleure ma-

nière de faire le café, ce qui provenait, sans presque que
l'on s'en doutât, de ce que le chef du gouvernement en
prenait beaucoup.

« On proposait de le faire brûler sans le mettre en
poudre, de l'infuser à froid, de le faire bouillir pendant trois quarts d'heure, de le soumettre à l'auto-
clave, etc.

« J'ai essayé toutes ces méthodes et celles que l'on a
proposées jusqu'à ce jour, et je me suis fixé, en connaissance de cause, à celle que l'on appelle *à la Dubelloy*, qui
consiste à verser de l'eau bouillante sur du café mis dans
un vase de porcelaine ou d'argent, percé de très-petits
trous. On prend cette première décoction, on la chauffe
jusqu'à l'ébullition, on la repasse de nouveau, et on a un
café aussi bon que possible.

« J'ai essayé, entre autres, de faire du café dans une
bouilloire à haute pression; mais j'ai eu pour résultat un
café chargé d'extractif et d'amertume, bon tout au plus
à gratter le gosier d'un Cosaque. »

Les expériences très-curieuses de Balzac, exprimées
d'une manière si originale par l'illustre romancier, sont
de nature à intéresser nos lecteurs.

« Rossini a éprouvé sur lui-même, dit-il, les effets que
j'avais déjà éprouvés sur moi. Le café, m'a-t-il dit, est
une affaire de quinze ou vingt jours, le temps fort heu-
reusement de faire un opéra.

« Le fait est vrai; mais le temps pendant lequel on
jouit des bienfaits du café peut s'étendre. Cette science
est trop nécessaire à beaucoup de personnes pour ne pas
décrire la manière d'en obtenir les fruits précieux.

« Vous tous, illustres chandelles humaines qui vous consumez par la tête, approchez et écoutez l'évangile de la veille et du travail intellectuel.

« Le café concassé à la turque a plus de saveur que le café moulu dans un moulin.

« Le principe délétère du café est le tannin, substance maligne que les chimistes n'ont pas encore étudiée. Quand les membranes de l'estomac sont *tannées*, ou quand l'action du tannin particulier au café les a hébétées par un usage trop fréquent, elles se refusent aux contractions violentes que les travailleurs recherchent. De là des désordres graves si l'amateur continue.

« En concassant le café, vous le pulvérisez en molécules de formes bizarres qui retiennent le tannin et dégagent seulement l'arome. Voilà pourquoi les Italiens, les Vénitiens, les Grecs et les Turcs peuvent boire incessamment sans danger du café que les Français traitent de *cafio*, mot de mépris. Voltaire prenait de ce café-là.

« Retenez donc ceci : Le café a deux éléments; l'un, la matière extractive que l'eau chaude ou froide dissout vite, lequel est le conducteur de l'arome ; l'autre, qui est le tannin, résiste davantage à l'eau et n'abandonne le tissu aréolaire qu'avec lenteur et peine. D'où cet axiome :

« Laisser l'eau bouillante, surtout, longtemps en contact avec le café, est une hérésie; le préparer avec l'eau de marc, c'est soumettre son estomac au tannage.

« Enfin, j'ai découvert une horrible et cruelle méthode, que je ne conseille qu'aux hommes d'une excessive vigueur, à cheveux noirs et durs, à peau mélangée d'ocre et de vermillon, à mains carrées, à jambes en forme de balustres, comme ceux de la place Louis XV. Il s'agit de l'emploi du café moulu, foulé, froid et anhydre, mot chimique qui signifie peu d'eau ou sans eau, pris à jeun. Ce café tombe dans votre estomac… Dès lors tout s'agite, les idées s'ébranlent comme les bataillons de la grande

Fig. 40. — Balzac.

armée sur le terrain d'une bataille, et la bataille a lieu. Les souvenirs arrivent au pas de charge, enseignes déployées; la cavalerie légère des comparaisons se développe par un magnifique galop; l'artillerie de la logique arrive avec son train et ses gargousses; les traits d'esprit arrivent en tirailleurs; les figures se dressent, le papier se couvre d'encre, car la veille commence et finit par des torrents d'eau noire, comme la bataille par sa poudre noire.

« J'ai conseillé ce breuvage ainsi pris à un de mes amis qui voulait absolument faire un travail promis pour le lendemain; il s'est cru empoisonné, il s'est recouché, il a gardé le lit comme une mariée. Il était grand, blond, cheveux rares; un estomac de papier mâché, mince. Il y avait de ma part manque d'observation. »

Le café est donc l'excitant spécial des fonctions intellectuelles; il stimule l'esprit engourdi, fait germer et croître les idées, et laisse en paix la raison :

> C'est là cette liqueur au poëte si chère,
> Inconnue à Virgile et qu'adorait Voltaire.
> . . . .
> Mon cœur devient-il lourd et ma tête pesante,
> Eh bien, pour ranimer ma gaité languissante,
> La fève de Moka, la feuille de Canton,
> Vont verser leur nectar dans l'émail du Japon.
> A peine ai-je senti ta vapeur odorante,
> Soudain de ton climat la chaleur pénétrante
> Réveille tous mes sens ; sans trouble, sans chaos,
> Mes pensers plus nombreux accourent à grands flots.
> Mon idée était triste, aride, dépouillée ;
> Elle rit, elle sort richement habillée ;
> Et je crois, du génie éprouvant le réveil,
> Boire dans chaque goutte un rayon du soleil.
>
> (DELILLE.)

Le café peut sans doute être très-favorable aux travaux et à la santé des gens de lettres lorsqu'ils en usent modérément; il est, d'ailleurs, pour tous les hommes un stimulant trop agréable et trop avantageux à l'exercice des facultés de l'esprit pour qu'on doive se permettre de l'interdire.

Le café convient également lorsque les facultés intellectuelles sont tombées dans une sorte d'anéantissement, qui force quelquefois d'interrompre toute espèce de travaux de cabinet, pourvu cependant que cet état ne soit pas dû à des contentions d'esprit trop longtemps prolongées; car si le cerveau se trouvait affaissé par l'effet d'un travail opiniâtre, il serait à craindre que l'excitation produite ordinairement par le café sur les fonctions de cet organe, venant à augmenter celle dans laquelle il se trouverait déjà, ne jetât les facultés de l'entendement dans un état de torpeur et d'accablement plus intense que celui qui existait auparavant.

Les individus d'un tempérament mélancolique, d'un caractère sombre, et dont les idées sont ordinairement dirigées vers la tristesse, peuvent également recourir à cette boisson pour dissiper le sentiment de malaise, l'espèce de douleur sourde qui accompagnent leur digestion, et pour se soustraire aux chagrins, aux craintes paniques, à l'ennui et aux angoisses pénibles qui souvent les accablent.

Car rien n'égaye autant l'esprit et ne chasse d'une manière aussi sûre le chagrin et l'ennui que cette boisson délectable; mais pour qu'elle produise toujours sur eux le même effet ils ne doivent pas en prendre trop souvent. Alors ils n'auront point à craindre d'éprouver des tremblements, des étourdissements et de tomber fréquemment dans des accès d'hypocondrie, puisque son usage modéré contribue puissamment à éloigner ces deux dernières affections, lorsqu'elles dépendent particulièrement de l'embarras des viscères abdominaux occasionné par la lenteur de la circulation veineuse dans le bas-ventre.

« Il est hors de doute, dit Brillat-Savarin, que le café porte une grande excitation dans les puissances cérébrales ; aussi tout homme qui en boit pour la première fois est sûr d'être privé d'une partie de son sommeil.

« Quelquefois cet effet est adouci ou modifié par l'habitude ; mais il est beaucoup d'individus sur lesquels cette excitation a toujours lieu, et qui par conséquent sont obligés de renoncer à l'usage du café.

« J'ai dit que cet effet était modifié par l'habitude, ce qui ne l'empêche pas d'avoir lieu d'une autre manière ; car j'ai observé que les personnes que le café n'empêche pas de dormir pendant la nuit en ont besoin pour se tenir éveillées pendant le jour, et ne manquent pas de s'endormir pendant la soirée quand elles n'en ont pas pris après leur dîner. Il en est beaucoup d'autres qui sont soporeuses toute la journée quand elles n'ont pas pris leur tasse de café dès le matin.

« Voltaire et Buffon prenaient beaucoup de café ; peut-être devaient-ils à cet usage, le premier la clarté admirable qu'on observe dans ses œuvres, le second l'harmonie enthousiaste qu'on trouve dans son style. Il est évident que plusieurs pages des traités sur l'homme, sur le chien, sur le tigre, le lion et le cheval ont été écrites dans un état d'exaltation cérébrale extraordinaire.

« L'insomnie causée par le café n'est pas pénible ; on

a des perceptions très-claires, et nulle envie de dormir;
voilà tout. On n'est pas agité et malheureux comme
lorsque l'insomnie provient de toute autre cause; ce
qui n'empêche pas que cette excitation intempestive ne
puisse à la longue devenir nuisible. »

Fig. 41. — Brillat-Savarin.

Écoutons Silvio Pellico :

« C'est la fille du geôlier, dit-il, qui dès qu'elle pouvait faire le café à l'insu de sa mère, le chargeait
toujours extrêmement, à ce point que grâce à mon
estomac vide il me causait une sorte d'agitation ner-

veuse sans douleur, qui me tenait éveillé toute la nuit.

« Dans cet état d'ivresse tempérée, je sentais redoubler mes forces intellectuelles, je philosophais, je poétisais, je priais jusqu'au point du jour avec un merveilleux plaisir. Une soudaine faiblesse me prenait ensuite; alors je me jetais sur mon lit, et, en dépit des moucherons, qui trouvaient encore moyen, quelque bien enveloppé que je fusse, de venir me sucer le sang, je dormais profondément une heure ou deux.

« Ces nuits, que rendait si fort agitées le café tombé sur un estomac vide, mais qui s'animaient d'une si douce exaltation, me semblaient trop bienfaisantes pour que je ne cherchasse à m'en procurer souvent de semblables.

« Aussi, sans avoir besoin du papier du scondino, je prenais souvent le parti de ne pas toucher à mon souper pour obtenir le soir l'enchantement tant désiré du magique breuvage. Heureux quand j'atteignais mon but!

« Il arriva plus d'une fois que le café ne fut pas préparé par la compatissante Zanze, et n'était alors qu'une insipide boisson. Cette friponnerie me donnait un peu de mauvaise humeur, et, au lieu de me sentir électrisé, je languissais, je bâillais, j'avais faim et je me jetais sur mon lit, sans pouvoir y trouver le sommeil. »

Le spirituel auteur de la *Physiologie du goût* fait remarquer qu'autrefois il n'y avait que des personnes au moins d'un âge mûr qui prissent du café; maintenant tout le monde en prend; peut-être est-ce le coup de fouet que l'esprit en reçoit qui fait marcher la foule immense qui assiège toutes les avenues de l'Olympe et du temple de Mémoire.

« Le cordonnier, dit-il, auteur de la tragédie de *la Reine de Palmyre*, que tout Paris a entendu lire, il y a quelques années, prenait beaucoup de café ; aussi s'est-il élevé plus haut que le menuisier de Nevers, qui n'était qu'un ivrogne.

« Le café est une liqueur beaucoup plus énergique qu'on ne le croit communément ; un homme bien constitué peut vivre longtemps en buvant deux bouteilles de vin chaque jour ; le même homme ne soutiendrait pas aussi longtemps une pareille quantité de café ; il deviendrait imbécile ou mourrait de consomption.

« J'ai vu à Londres, sur la place de Lecester, un homme que l'usage immodéré du café avait réduit en boule (*cripple*) ; il avait cessé de souffrir, s'était accoutumé à cet état, et s'était réduit à cinq ou six tasses par jour.

« C'est une obligation pour tous les papas et les mamans du monde d'interdire sévèrement le café à leurs enfants, s'ils ne veulent pas avoir de petites machines sèches, rabougries et vieilles à vingt ans. Cet avis est fort à propos pour les Parisiens, dont les enfants n'ont pas toujours autant d'éléments de force et de santé que s'ils étaient nés dans certains départements, dans celui de l'Ain, par exemple. »

Le café peut être considéré comme un médicament à employer dans un grand nombre de circonstances. Les Orientaux sont dans l'usage de se relever de l'affaissement et de la prostration où les jette l'emploi de l'opium, en prenant beaucoup de café.

Souvent on a obtenu de grands succès contre des fièvres intermittentes opiniâtres en administrant une forte décoction de café coupée de moitié de jus de citron.

Il est aussi très-efficace dans les toux nerveuses qui accompagnent les maladies éruptives ; plusieurs habiles praticiens le recommandent dans la coqueluche ; quelques cuillerées administrées aux enfants après le repas guérissent cette maladie en très-peu de temps.

J'ai pu remarquer l'effet spécial du café d'une manière bien précise. Quelquefois, ayant beaucoup à travailler intellectuellement, étant à jeun, ou l'estomac vide de mon dernier repas, je prenais quelques tasses de cette liqueur amère ; alors un effet étrange se produisait : tout à coup, et comme par enchantement, je voyais changer mes dispositions morales et intellectuelles comme on change le panorama d'un théâtre. L'esprit prenait un développement étrange, mais au préjudice du cœur ; de bienveillant, je devenais misanthrope : les hommes n'étaient plus pour moi des hommes, c'étaient des choses ; si, par malheur, j'étais obligé de communiquer avec eux, j'étais sûr de leur inspirer des sentiments désagréables à mon égard, et ceux qui me voyaient alors pour la première fois me jugeaient tout autre que je ne suis naturellement.

Les expériences faites par Balzac et Rossini viennent à l'appui de ces observations. « L'état où vous met le café pris à jeun dans les conditions magistrales, dit Balzac, produit une sorte de vivacité nerveuse qui ressemble à celle de la colère ; le verbe s'élève, les gestes expriment une impatience maladive ; on veut que tout aille comme trottent les idées ; on est braque, rageur pour des riens ; on arrive à ce variable caractère du poëte tant accusé par les épiciers ; on prête à autrui la lucidité dont on jouit. Un homme d'esprit doit alors bien se garder de se montrer ou de se laisser approcher.

« J'ai découvert ce singulier état par certains hasards qui me faisaient perdre sans travail l'exaltation que je me procurais. Des amis, chez lesquels je me trouvais à la campagne, me trouvaient hargneux et disputailleur, de mauvaise foi dans la discussion. Le lendemain, je reconnaissais mes torts et j'en cherchais la cause. Mes amis étaient des savants de premier ordre, nous l'eûmes bientôt trouvée. Le café voulait une proie. »

Non-seulement ces observations sont vraies et ne subissent d'autres changements que ceux qui résultent des différents tempéraments, mais elles concordent avec les expériences de plusieurs praticiens, au nombre desquels est l'illustre Rossini, l'un des hommes qui ont le plus étudié les lois du goût, un héros digne de Brillat-Savarin.

Une chose remarquable, le vin stimule plutôt le cœur, et le café l'esprit : dans les cabarets on aime, dans les cafés on raisonne. On pourrait appeler le vin la liqueur du christianisme et de la charité (il sert au plus grand mystère du christianisme), et le café la liqueur de la philosophie et de la dispute.

Des expériences sur les aliments, spécialement sur le café et le vin, poussées à un point qui a permis aux phénomènes de se manifester avec la plus grande netteté, m'ont conduit aux conclusions suivantes, que j'extrais d'un mémoire communiqué à l'Institut, et inséré dans les Comptes rendus de l'Académie des sciences du 2 avril 1867 :

1° Il y a des aliments qui agissent spécialement sur les

nerfs du mouvement, et des aliments qui agissent spécialement sur les nerfs de la sensibilité;

2° Les aliments qui agissent spécialement sur les nerfs du mouvement influent spécialement sur l'intelligence;

3° Les aliments qui agissent spécialement sur les nerfs de la sensibilité influent spécialement sur les sentiments;

4° Il y a transformation de mouvement; les forces qui agissent sur les nerfs locomoteurs et les forces intellectuelles peuvent se transformer en sensibilité et en sentiments, et réciproquement;

5° Chaque aliment occupe une place intermédiaire entre ceux qui agissent le plus soit sur les nerfs du mouvement, soit sur ceux de la sensibilité.

Ces lois ouvrent un horizon nouveau, et donnent de fécondes conséquences en physiologie, en hygiène, en pathologie, en psychologie, etc.

On peut citer des faits qui en apparence peuvent contredire les observations précédentes, mais au fond elles les confirment si on a soin de tenir compte de toutes les circonstances. Par exemple, le café ne semble-t-il pas renouveler, développer la sensibilité et les sentiments, et le vin donner un coup de fouet à l'esprit?

Certainement que cela a lieu. L'intelligence exagérée n'est plus dans son état normal, elle est exclusive, elle est lumière, mais froide; le sentiment la réchauffe, lui donne un nouvel essor. Il est très-vrai que les grandes pensées viennent du cœur; elles sont inspirées par les sentiments.

C'est principalement les actions si différentes du vin et du café qui m'ont d'abord guidé. Des expériences

variées sur des aliments de toutes natures ne m'ont ensuite laissé aucun doute sur les lois que j'ai énoncées [1].

Quelques personnes feront peut-être observer que je
fais de l'activité nerveuse l'intelligence, et de la sensibilité le sentiment ; il n'y a rien dans mes observations qui
tende à cela ; je ne fais que constater une influence du
physique sur le moral établie par le Créateur, et personne
ne conteste cette influence, qui est le résultat des lois
harmonieuses qui régissent les rapports du corps et de
l'âme, de la matière et de l'esprit.

Les amateurs du vin s'abandonnent à la gaieté, à l'insouciance, à la légèreté, à une franchise étourdie ; les
buveurs de café, au contraire, deviennent circonspects,
sérieux, réfléchis, pénétrants, subtils et calculateurs.

Aussi le despotisme craint plus l'usage du café que
celui du vin.

Sous la minorité de Mahomet IV, pendant la guerre de
Candie, le grand-vizir Kupruli, apprenant que dans les
cafés publics on se permettait de blâmer sa conduite, en
lui attribuant les malheurs et la décadence de l'empire,
fit fermer sur-le-champ tous ces lieux, et même démolir
les maisons. On distribua par son ordre la bastonnade
à d'imprudents raisonneurs et à quelques cafetiers de
Constantinople, desquels on brisa les tasses.

Cependant Kupruli, moins inquiet des cabarets et des
tavernes où l'on vendait du vin, malgré la loi expresse

---

[1] Nous exposons avec détails ces idées, et nous donnons un travail
spécial sur les aliments dans notre ouvrage intitulé : *Les Lois de la vie
et l'art de prolonger ses jours.*

du prophète, les laissa subsister. Il pensait en vrai ty-
ran, car il redoutait peu l'ivresse, qui abrutit les hommes,
mais beaucoup la raison, qui les éclaire.

A Londres, en 1675, sous Charles II, on remarqua
que les cafés publics devenaient des foyers de sédition
ou du moins des clubs politiques. L'autorité les fit aussi
fermer, en laissant ouverts, comme l'avait fait Kupruli,
les cabarets et tavernes à vin et à bière.

M. le docteur Virey fait observer que sous Louis XV
les cafés à Paris exerçaient un puissant empire sur le
public, et que la renommée du café Procope, où se
rassemblaient les beaux esprits de ce temps, n'est pas
étrangère à l'histoire politique du dix-huitième siècle,
non plus qu'à la philosophie, comme on peut le voir
par la correspondance littéraire de Grimm.

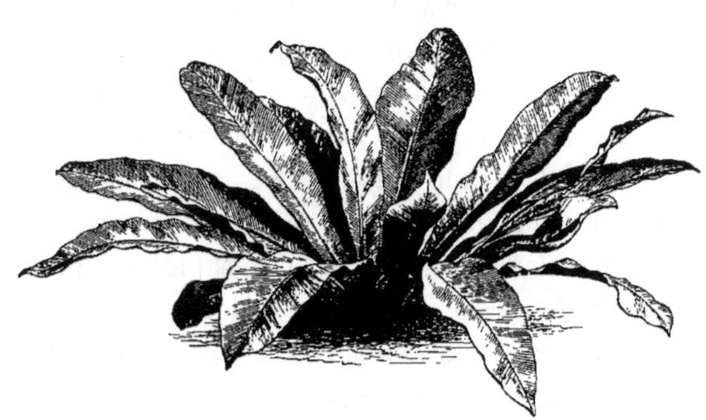

Fig. 42. — Doradille nid d'oiseau (espèce de fougère).

LA CANNE A SUCRE.

Sa description ; son origine ; sa culture. — Fabrication du sucre ; ses usages ; ses diverses espèces ; pourquoi le sucre râpé ou pilé est moins bon que le sucre en morceaux.

La *canne à sucre* ou *cannamelle* est une plante de la famille des graminées, cultivée dans les pays méridionaux, particulièrement aux Antilles et dans l'Inde.

Elle s'élève de trois à quatre mètres ; son épaisseur moyenne est de trois à cinq centimètres ; sa tige est lourde, cassante, d'un vert qui tourne au jaune dans le temps de sa maturité ; elle est remplie d'une moelle fibreuse, spongieuse et blanchâtre, gonflée par un suc doux, très-abondant. Ce suc est sécrété entre chaque nœud séparément, de sorte que chaque cellule peut être considérée comme un fruit isolé.

On peut manger la canne à l'état naturel. On coupe sa tige en plusieurs parties, par le sens de sa longueur, puis on élague l'écorce à l'une des extrémités de chaque morceau, progressivement, à mesure que l'on suce ou que l'on mâche la partie centrale qu'elle enveloppe. On fait de cela une distraction et un amusement dans les pays où l'on cultive la canne.

Sucre dérive de *scharkara*, qui en langue sanscrite de l'Inde orientale signifie suc doux ; de là est venu, par suite, le nom de *scharkar*, que lui donnent les Persans, et de *schukur*, par lequel les Indous désignent également le sucre.

Il paraît que les Chinois portèrent la canne en Arabie, à la fin du treizième siècle ; de là elle passa en Égypte et en Éthiopie, et ce fut en 1740 seulement que dom Henri, régent de Portugal, fit transporter des cannes à sucre de Madère en Sicile. On ne fabriquait alors avec le sucre des cannes que de la cassonade brute ; en 1741, un Vénitien trouva un procédé à l'aide duquel il obtint du sucre blanc en pains.

Les cannes plantées sont complétement mûres au bout de seize à dix-huit mois ; il suffit de quinze mois au plus pour les cannes provenant de rejetons.

La récolte des cannes se fait en les coupant par le pied avec un coutelas ; on s'y prend de manière à les tailler en sifflet ; cette forme est utile pour que les cannes s'engagent plus facilement entre les cylindres des presses. On coupe chaque tige en deux ou trois morceaux de $1^m,10$ environ. Après que les cannes sont coupées, leur jus ne tarde pas à subir quelque altération ; et avant même que cela soit sensible la quantité de sucre cristallisable qu'elles contiennent a diminué. On ne doit donc les récolter qu'au fur et à mesure que l'on peut les traiter (fig. 43).

Dans les terres bien cultivées, les plantes peuvent durer dix et quinze ans ; cependant tous les ans on renouvelle à peu près le cinquième de la culture, parce que les produits décroissent dans une trop grande proportion, vers les dernières années. Quelquefois on laisse reposer la terre, en la réservant pour le parcours des bestiaux ; mais il est plus avantageux d'alterner la culture et de soutenir cet assolement par des fumures.

Il arrive souvent que les rats rongent les pieds des

Fig. 43. — Récolte de la canne à sucre.

cannes pour sucer une partie de leur suc. Les plantes
ainsi attaquées dépérissent, leur jus s'aigrit, et lorsqu'elles sont exprimées à la presse avec les autres,
cette portion fermentée devient un levain qui altère une
plus grande quantité de jus et rend le sucre incristal-
lisable.

Mais dans chaque habitation on a soin d'employer
un nègre à la destruction des rats, et des chiens d'une
espèce particulière sont dressés à chasser et à étrangler
ces rongeurs lorsqu'ils les attrapent.

On recueille le suc dans des cuviers placés au-dessous
des cylindres qui broient les cannes; on y ajoute une petite quantité de chaux, pour neutraliser les acides végétaux, et on évapore le jus jusqu'à sa cristallisation; c'est
ainsi que l'on obtient le sucre brut ou cassonade.

Après la cristallisation, il reste un jus qui renferme
encore une grande quantité de matière sucrée; il est
connu sous le nom de *mélasse* : en faisant fermenter cette
substance on obtient le rhum et le tafia.

Pour raffiner le sucre on le fond de nouveau dans
de l'eau, puis on y ajoute du charbon fin, de l'albumine
ou du sang de bœuf; on chauffe, et l'albumine en se
coagulant, entraîne avec elle toutes les matières étrangères; le sirop est ensuite évaporé et mis dans les formes,
où il se cristallise.

Comme il contient encore une petite quantité de mélasse, pour l'en débarrasser on met sur la base du pain
de sucre une faible couche d'argile humide; l'eau qui s'en
sépare insensiblement dissout la couche de sucre sur laquelle repose l'argile; ce sirop concentré s'écoule peu à

peu en poussant devant lui la mélasse, qui bientôt arrive à la pointe et s'échappe par une ouverture.

Pour raffiner complétement le sucre on répète cette opération, appelée *terrage*, trois ou quatre fois.

Le sucre est composé d'oxygène, d'hydrogène et de carbone élaboré par des plantes; malgré les progrès de la chimie organique, le chimiste n'est pas encore parvenu à faire du sucre avec ces trois substances. Cependant il peut changer l'équilibre de ces éléments dans les corps, et convertir ainsi une substance en une autre. Il peut, par exemple, convertir un morceau de chiffon en gomme, puis en sucre, puis en alcool, en acide carbonique et en eau; mais de cet acide carbonique et de cette eau il ne peut former les matières d'où il les a tirés.

Il y a trois cents ans le sucre se vendait à l'once chez les apothicaires, aujourd'hui la France en consomme plus de cent millions de kilogrammes.

Les usages de cette substance sont tellement connus de tout le monde, qu'il suffit de rappeler qu'elle entre dans la composition de la plupart des aliments et des médicaments.

Ses dissolutions, additionnées de sucs ou de mucilages végétaux empruntés à la guimauve, au capillaire, au cochléaria, à la digitale, etc., composent les différents sirops dont on fait un débit si considérable dans les pharmacies.

Le sucre est soluble dans l'eau à froid, et bien plus encore à chaud; il se dissout aussi dans les liqueurs alcooliques, mais non pas dans l'alcool exempt d'eau.

Lorsque l'on dissout le sucre dans de l'eau et qu'on évapore rapidement la liqueur, elle se prend ensuite par le refroidissement en masses solides, transparentes, d'un beau jaune d'ambre; c'est ainsi que l'on fabrique le *sucre d'orge;* ce nom lui vient de ce que quelquefois on dissout le sucre dans l'eau d'orge.

En ajoutant à du sirop du suc de pomme, on obtient après l'évaporation ce que l'on appelle le *sucre de pomme.*

Le sucre d'orge et le sucre de pomme éprouvent une altération qui s'étend, petit à petit, de la surface jusqu'au centre des bâtons; ils perdent leur transparence, et leur saveur se modifie légèrement. On pourrait retarder cette modification en ajoutant au sirop quelques gouttes de vinaigre.

Si l'on abandonne à l'évaporation libre une dissolution concentrée de sirop, on obtient de beaux cristaux prismatiques, connus dans le commerce sous le nom de *sucre candi;* si l'on tend des fils au sein de la dissolution, les cristaux s'y attachent en se groupant entre eux par leurs angles. On peut obtenir ainsi des paniers, des corbeilles, des croix, etc., suivant la disposition que l'on donne à ces fils.

Le sucre fond à 180 degrés; à 215 il se transforme en une matière brunâtre qui répand une odeur caractéristique, et que l'on appelle *caramel;* on en fait un très-grand usage en cuisine, pour donner de la couleur et de la saveur au bouillon et à un grand nombre de mets.

Lorsque l'on jette du sucre dans un creuset chauffé au rouge, il prend feu au contact de l'air et brûle avec une flamme blanche, nuancée de bleu. Frotte-t-on, dans l'obscurité, deux morceaux de sucre l'un contre l'autre, ils deviennent phosphorescents.

Tout le monde sait aussi que le sucre râpé ou pilé est moins bon, à poids égal, que le sucre en morceaux ; cela vient de ce que le frottement contre la râpe ou le pilon développe assez de chaleur pour produire un commencement d'altération, analogue à la caramélisation.

« D'où vient, disait, un jour, Napoléon Ier au savant Laplace, que le verre d'eau dans lequel je fais fondre un morceau de sucre, me paraît beaucoup meilleur que celui dans lequel je mets quantité égale de sucre pilé ? »

« Sire, répondit Laplace, pris au dépourvu, il y a trois substances dont les principes sont exactement les mêmes : le sucre, la gomme et l'amidon ; elles ne diffèrent que par certaines conditions dont la nature s'est réservé le secret ; il est possible que l'action du pilon fasse passer quelques parties sucrées à l'état de gomme et d'amidon. »

Ce qui n'était pas mal répondu pour l'époque.

Les substances organiques sont, en général, fort peu stables ; le moindre dérangement d'équilibre suffit pour changer leurs propriétés. La réaction qui s'opère alors dans le sucre est semblable à beaucoup d'autres ; le frottement échauffe le sucre, cette chaleur détruit l'équilibre des éléments, et lui fait subir un commencement de décomposition, qu'une chaleur plus forte achèverait. Lorsque l'on frotte deux morceaux de bois, ils s'échauffent, se décomposent et brûlent si le frottement est suffisamment actif et prolongé. Lorsque l'on a les mains bien sèches, il suffit de les frotter l'une contre l'autre pour sentir une faible odeur de corne grillée, résultat d'un commencement de décomposition, analogue à celle qui a lieu dans le sucre.

LE CÈDRE.

Sa description ; son histoire ; ses usages ; charpentes des temples d'Éphèse
et de Jérusalem ; barils de cèdre ; le filao.

Cet arbre aux formes élégantes et pyramidales, aux feuilles petites, courtes, roides et piquantes, ressemblant assez à celles des genévriers, d'un vert sombre se conser-

Fig. 44. — Cèdre du Liban.

vant même pendant l'hiver, aux rameaux horizontaux, s'éloignant du tronc à une distance de plus de 10 mètres au fruit en forme de cône ovale, arrondi en tous sens, et dont les écailles ne font aucune saillie, couvrait jadis les hautes montagnes du Liban, où il croissait spontanément.

A 2,000 mètres environ d'élévation, près de Bescherre, autour d'une petite chapelle de Maronites et dans un endroit à peu près dépouillé de toute autre trace de végétation, se trouveraient, d'après MM. Russegger et Dietrici, voyageurs qui ont visité ces lieux en 1853, les derniers débris des magnifiques forêts de cèdres qui étaient autrefois l'un des ornements de cette contrée et contribuaient beaucoup à la puissance maritime de ses habitants. Il ne consistait plus alors qu'en un tout petit bois contenant à peine 300 pieds d'arbres, dont douze au plus fort anciens. Il serait difficile de déterminer leur âge. Les habitants croient pieusement que ce sont les restes de la forêt dont le bois servit à la construction du temple de Jérusalem et du palais de Salomon, il y a près de trois mille ans. Tous les ans, le jour de la Transfiguration, les Maronites, les Grecs et les Arméniens célèbrent une messe au pied d'un de ces cèdres vénérables, sur un autel de pierre informe. Le Liban est extrêmement tourmenté à sa surface, peu boisé, couvert de blocs de rochers, et renferme d'affreux précipices, d'horibles fondrières; mais il présente en même temps beaucoup de vallées, fertiles quoique étroites; elles sont arrosées par des sources, des ruisseaux, de petites rivières. Toutes ses parties habitables sont couvertes de villages et de couvents. Ses industrieux habitants s'occupent beaucoup de sériciculture, devenue une source de bien-être pour eux. On y trouve d'immenses plantations de mûriers, de vignes, d'arbres fruitiers, de châtaigniers et d'oliviers surtout; on y cultive également le froment et le tabac.

Si le cèdre a presque complétement disparu du Liban, il s'est, par contre, propagé rapidement en Europe, où il trouve un sol qui lui convient. On devrait s'empresser d'introduire dans nos landes un arbre qui réussit à merveille dans des terrains incultes et sablonneux.

C'est à Bernard de Jussieu que la France doit le fameux cèdre du Jardin des plantes de Paris. Ce savant eut la satisfaction de voir les deux pieds de cet arbre, que lui-même avait apportés d'Angleterre dans son chapeau, croître sous ses yeux et élever leurs cimes au-dessus des plus grands arbres.

Les cèdres renferment des arbres célèbres par leur élévation et l'indestructibilité de leur bois, qui est résineux, blanchâtre, d'un grain très-fin, presque aussi dense que celui du chêne, dégageant une odeur agréable lorsqu'on le brûle.

Il peut servir à la plus belle menuiserie. Dès les temps les plus reculés, il a été recherché pour les constructions nautiques, pour les temples et les autres grands édifices, ainsi que pour les cercueils; la plupart des étuis des momies égyptiennes sont en bois de cèdre.

On rapporte que les charpentes des temples d'Éphèse et de Jérusalem étaient construites avec ce bois. On lit dans l'histoire, qu'on trouva dans le temple d'Apollon, à Utique, des débris de charpentes de cèdre qui avaient près de deux mille ans.

Les Anglais font des espèces de petits barils dont les douves sont en partie de cèdre; ils y laissent séjourner du punch ou d'autres liqueurs qui y prennent une odeur et un goût agréables.

A l'île de La Réunion, il y a un conifère très-répandu que l'on nomme le *filao;* les indigènes le regardent comme une espèce de cèdre. C'est un des arbres les plus élégants que l'on puisse voir; il rappelle le pin et le saule pleureur; il est svelte, flexible, très-élevé et très-rameux. Ses feuilles, longues, pressées, cylindriques, et fines comme des cheveux, penchent vers la terre, et lorsque la brise vient les faire tressaillir de son souffle, elles chantent mélodieusement, d'une voix que l'on recherche toujours dès qu'on l'a entendue une fois.

Fig. 45. — Cityse commun ou faux-ébénier.

LE CHANVRE.

Tout le monde connaît cette plante aux tiges herbacées, et qui, livrées au *rouissage*, séchées au soleil et soumises aux opérations dites *teillage*, *broyage*, *ribage*, *sérançage*, donnent par leur écorce, le chanvre ou la filasse destinée à faire de la toile et des cordages; les tiges privées de leur écorce sont employées à faire des allumettes, ou fournissent un charbon excellent pour la fabrication de la poudre.

Les graines, petites et ovoïdes, portent le nom de *chènevis*, et servent à la nourriture des oiseaux domestiques. Elles fournissent aussi une huile très-bonne pour la peinture et l'éclairage, et que l'on peut même employer comme aliment.

Le chanvre est originaire de la Perse, d'où il passa en Égypte; il paraît que Pythagore le rapporta de cette dernière contrée, car, avant ce philosophe, les Grecs n'en connaissaient point l'usage.

La province du Berry a été, de toute antiquité, renommée pour ses chanvres, et Bourges, sa capitale, est citée par Pline comme une des villes des Gaules dans les environs de laquelle venait, de son temps, le plus beau chanvre, et où se fabriquait une prodigieuse quantité de toile.

Il paraît cependant que cette plante était encore fort rare sous Henri II, ou du moins son emploi en linge fin, car on cite comme une nouveauté deux chemises de toile de chanvre que possédait Catherine de Médicis.

Fig. 46. — Chanvre en fleur.

Il existe une espèce de chanvre nommé *hachich*, dont les Orientaux fument les feuilles mêlées avec du tabac, pour se procurer une ivresse énervante et des plus dangereuses. Ils composent aussi, avec les feuilles, les fleurs, les graines de ce chanvre mêlées à d'autres substances, des pastilles, des breuvages et des poudres qui les jettent dans cette ivresse. (Voir *Hachich*.)

LE CHÊNE.

Ses diverses espèces; ses propriétés; le chêne dans l'antiquité. Chênes célèbres.

Le chêne est le roi de nos forêts ; il n'est pas d'arbre qui annonce autant de vigueur et qui présente un aspect aussi imposant. Il est l'emblème de la durée et de la force.

Il peut atteindre 45 à 50 mètres ; son accroissement est très-lent ; la durée de sa vie est communément de 120 à 150 ans, mais elle dépasse quelquefois trois siècles, et même bien davantage.

On le reproduit par semis et par plants ; les uns arrachés dans les chênaies, les autres élevés en pépinières. Il se trouve dans tout l'hémisphère septentrional et domine dans nos forêts, mais il semble étranger à l'hémisphère austral.

Plusieurs espèces de chênes portent des fruits doux qui, en Grèce, en Asie Mineure, en Espagne et en Afrique, se mangent comme nos châtaignes.

Mais la plupart des nôtres donnent des glands d'une saveur âcre, qui ne les rend propres qu'à la nourriture des porcs et des autres animaux domestiques.

Le chêne est un des meilleurs bois de chauffage et des plus durs ; c'est pour cela que l'on en fait un grand usage dans la menuiserie, l'ébénisterie, le charronnage et la sculpture. Son écorce, réduite en poudre grossière, constitue le *tan*, employé au tannage des cuirs et qui sert ensuite à la préparation des *mottes à brûler;* c'est aussi un excellent succédané du quinquina.

On donne le nom de *galle* à des excroissances très-variées, produites sur diverses parties des végétaux par la piqûre de certains insectes appartenant à divers ordres, principalement au genre *cynips;* elles sont dues à des extravasations des sucs du végétal. Elles se composent principalement d'acide gallique, de tanin et de mucilage avec un peu de carbonate de chaux. Les galles du chêne de l'Asie Mineure, connues sous le nom de *noix de galle,* sont d'un grand usage dans les arts, surtout dans la teinture. L'*engallage* se fait en plongeant les tissus pendant un certain temps dans une infusion de noix de galle, à une température voisine de l'ébullition.

La noix de galle agit de deux manières différentes : ou bien elle sert de mordant pour fixer la couleur, ou bien la couleur résulte de la combinaison de ses principes avec certains corps, surtout avec l'oxyde de fer : c'est ce qui a lieu pour les teintes noires. La galle de chêne s'emploie à la préparation des encres, et sert quelquefois en médecine, à cause de ses propriétés astringentes (fig. 47).

Le chêne était consacré à Jupiter; aussi était-ce un événement de mauvais augure lorsque la foudre frappait cet arbre. Il était aussi consacré à Rhéa et à Cybèle.

Dans l'antiquité, le chêne fut un objet de vénération pour les peuples, qui prêtaient une âme à toutes les productions de la nature. Les chênes de la forêt de Dodone rendirent des oracles; depuis, ceux des Gaules servirent d'autels; c'était sous leur ombre sacrée que les druides chantaient des hymnes à l'Éternel.

Les Gaulois avaient pour le gui de chêne une vénération toute particulière ; la recherche de cette plante était pour eux une fête nationale. Le sixième jour de la première lune, qui commençait leur année, c'est-à-dire vers le solstice

Fig. 47. — Cynips des feuilles du chêne.

d'hiver, la nation se rendait en foule dans les forêts qui s'étendent entre Chartres et Dreux, pour assister au grand sacrifice du gui. Partout on entendait ce cri de ralliement : *Au gui l'an neuf!* La cérémonie s'ouvrait par une procession solennelle : les bardes chantaient des hymnes, les augures accompagnaient les taureaux destinés au sacrifice, le héraut d'armes et les grands dignitaires suivaient. Arrivé au pied du chêne, le grand prêtre brûlait du pain, faisait une libation de vin, distribuait de l'un et de l'autre à l'assemblée, puis coupait le gui avec une serpette d'or, et achevait la solennité au milieu des prières.

Chez les Grecs et les Romains, une branche de chêne tressée en couronne fut toujours regardée comme la plus belle récompense qu'on pût offrir à la vertu, et le citoyen qui l'avait méritée s'en tenait plus honoré que s'il avait été comblé de la faveur des rois.

Il y a quelque temps, les journaux du Haut et du Bas-Rhin annonçaient que la cognée venait de renverser l'une des plus vénérables reliques de l'ancienne Gaule, le chêne d'Autrage, près Belfort, auquel les physiologistes n'assignaient pas moins de vingt-quatre siècles d'existence.

Le tronc dépouillé de ce géant, dont le poids était de 24,000 kilogrammes, et le diamètre de cinq mètres à sa base, a été transporté dans une scierie mécanique de l'Alsace, pour être converti en planches.

Le chêne d'Autrage, qui a servi depuis longtemps à qualifier le pays où il existait (Autrage-ès-Chêne), donne une idée de ce que devaient être les antiques couverts de la Gaule druidique, car cet arbre était évidemment le dernier vestige de quelqu'une de ces forêts mystérieuses. En effet, il y a sept siècles, il y avait encore autour de lui de nombreux contemporains; c'est du moins ce que doit faire présumer une charte de 1105, signée par Ermentrude, veuve du comte Thierry de Montbéliard, dans laquelle la localité d'Autrage est qualifiée de *Quercubus* (ès-Chênes).

Aujourd'hui nous n'avons plus guère, en France, que deux ou trois de ces vieux monuments de la végétation autochthone, dont les plus remarquables sont : le chêne d'Allouville, près d'Yvetot, âgé de neuf cents ans, et dont le tronc, surmonté d'un clocher, est converti en chapelle depuis 1696 ; puis celui de Montravail, près de Saintes. Ce dernier, qui a neuf mètres de diamètre à sa base, est élevé de vingt mètres. D'après le nombre de ses couches concentriques, il paraît être âgé de deux mille ans.

D'autres sujets de même essence viennent après ceux-ci, mais ils ne sont pas aussi remarquables ; ce sont : le gros Cardaillou, de Delle ; le Weiswil, de Laar, et l'Einsiedeln, de Haguenau.

Il y a plus d'un chêne célèbre dans la Grande-Bretagne. On sait qu'après sa défaite à Worcester, Charles II ne fut sauvé que par la vitesse de son cheval : il se réfugia dans l'épais feuillage d'un vieux chêne énorme, qu'on appela depuis *chêne du roi Charles*, et les hommes qui poursuivaient le prince choisirent précisément l'ombrage de ce chêne pour y bivouaquer, tandis que le malheureux Charles y était encore caché. Ces faits sont devenus de l'histoire familière.

Quant au chêne de la forêt Hainault, en Essex, il a été le rendez-vous de chasse de nombreux monarques ; sous le feuillage de cet arbre vénérable, il se tient encore une foire annuelle.

En fait d'autres chênes célèbres, on cite le chêne de Herne le Chasseur, qui s'élève au fond de la forêt de Windsor. Il y a une légende attachée à cet arbre, et Shakespeare en parle dans le quatrième acte des *Joyeuses Commères de Windsor*. Herne avait été garde-chasse durant la seconde partie du règne d'Élisabeth. Ayant commis un méfait par suite duquel il perdit son emploi, il résolut de se pendre à ce chêne. Depuis ce temps, on dit que l'ombre de Herne revient chaque nuit hanter ces lieux.

Toutes les horreurs de cette légende ont été retracées dans un roman d'Harrison Ainsworth, qui a pour titre *le Château de Windsor*, roman dans lequel le fameux chasseur est représenté en commerce avec les divinités infernales, qu'il évoque par des conjurations magiques. L'identité de l'arbre a été mise en doute par quelques écrivains. Cependant, un plan de la ville et du château de Windsor, publié à Eton en 1742, indique l'arbre et lui donne le nom de *chêne de Falstaff*.

Le chêne dit *du Parlement,* dans le parc de Clipston, est âgé de 1,500 ans; ce parc existait avant la conquête; il appartient au duc Portland.

Le chêne le plus élevé qui ait existé en Angleterre était également la propriété de ce seigneur. On l'appelait plaisamment *le bâton de promenade du duc* (walking-stick). Il était plus haut que les tours de l'abbaye de Westminster.

Le plus gros chêne d'Angleterre est le chêne *Calthorpe* dans le Yorkshire; sa circonférence est de 78 pieds anglais près du sol, c'est-à-dire à peu près 30 mètres.

Le célèbre chêne de Worksop couvre de son feuillage un espace d'environ 777 mètres carrés.

Le chêne qui, ayant été abattu, a produit le plus à son propriétaire est celui de Gelenos, dans le comté de Monmouth : la vente de l'écorce a rapporté 200 livres sterling (5,000 fr.), et celle du bois, 670 livres (16,750 fr.).

LA CIGUË.

Sa description ; ses effets toxiques ; contre-poisons à lui opposer ; son emploi en médecine ; la coupe empoisonnée chez les anciens ; Théramène, première victime de la ciguë ; mort sublime de Socrate et de Phocion ; curieux usages que l'on faisait de la ciguë à Marseille ; Sénèque boit vainement la ciguë ; immunité contre les poisons ; les phénomènes que présente l'empoisonnement par la ciguë, comparés à ceux que produisait la coupe consacrée dans l'antiquité ; effets étranges que peuvent exercer diverses substances sur le mora'.

La *ciguë* est une plante dangereuse, dont la racine et la tige contiennent un suc jaunâtre, poison violent pour les hommes et les animaux.

On la reconnaît facilement à ses tiges, parsemées de taches livides comme la peau d'un serpent ; à son odeur vireuse, à sa saveur d'une amertume désagréable, enfin à l'âcreté de toutes ses parties.

Ses feuilles sont semblables à celles du cerfeuil sauvage, deux et trois fois ailées, grandes, un peu molles ; ses fleurs sont blanches, disposées en ombelles très-ouvertes ; ses fruits, globuleux, sont renfermés dans un involucre de plusieurs folioles linéaires étoilées en tous sens.

Elle croît dans les contrées du Nord comme dans celles du Midi, dans les lieux incultes, le long des haies, parmi les décombres où règne un peu d'humidité ; elle fleurit en été.

La ciguë est un des poisons les plus actifs ; sa vertu est d'autant plus grande qu'elle croît dans un climat plus chaud.

On en combat les mauvais effets à l'aide de purgatifs et d'acides végétaux, tels que vinaigre, jus de citron, etc.

En médecine, on l'emploie comme narcotique, particulièrement contre le cancer, les scrofules, la goutte, etc. On l'administre soit à l'intérieur, sous forme d'extrait, soit à l'extérieur sous forme de cataplasme et d'emplâtre.

Ce sont les effets toxiques de cette plante, terribles par leur rapidité et leur énergie, qui ont fixé l'attention sur elle; et c'est sous ce rapport qu'elle a joué un rôle historique qui laisse d'immortels souvenirs. On n'oubliera jamais la coupe empoisonnée qu'un peuple en démence approcha des lèvres héroïquement résignées de Socrate, de Phocion et d'autres grands hommes remarquables par leurs vertus civiques.

L'usage de faire boire la ciguë aux condamnés, par jugement public, paraît pour la première fois à Athènes, sous le gouvernement des trente tyrans, et la première victime semble être Théramène, l'un d'entre eux, disciple de Socrate, qui joua un rôle très-important comme général, orateur et magistrat.

« Il but la ciguë, dit Cicéron, comme s'il eût satisfait sa soif; puis, lançant ce qui restait au fond du vase de manière à lui faire produire en tombant un son que l'on croyait de bon augure, il dit en souriant : « Je passe la coupe au beau Critias, » présageant en quelque sorte la mort prochaine de son plus cruel ennemi, de celui qui l'avait fait proscrire. »

Sous la même tyrannie, un riche Athénien, nommé Palémarque, frère de l'orateur Lysias, fut désigné à la

convoitise des magistrats, et fut également condamné à
boire la coupe empoisonnée.

Tout le monde connaît la mort sublime de Socrate, le
troisième dans ce martyrologe. Quand on vint lui annoncer qu'il devait mourir par le poison, il dit : « Qu'on
me l'apporte s'il est broyé, sinon qu'on le broie ! » La

Fig. 48. — Grande ciguë.

coupe fatale fut apportée vers le coucher du soleil. « Fort
bien, dit-il à celui qui lui présenta le poison; mais que
faut-il faire? car c'est toi qui me l'apprendras. »

« Pas autre chose, lui dit l'homme, que de te promener, quand tu auras bu, jusqu'à ce que tu sentes tes

jambes appesanties, et alors couche-toi sur ton lit, le poison agira de lui-même. » En même temps, il tendit la coupe à Socrate qui la prit avec la plus parfaite sécurité.

« Est-il permis, demanda le sage, de répandre un peu du breuvage pour en faire une libation? » L'homme répondit : « Nous n'en broyons que ce qu'il est nécessaire d'en boire. »

Socrate porta la coupe à ses lèvres, et la vida avec une sérénité presque divine, priant l'Être suprême *de rendre heureux son dernier voyage.*

Il se mit à se promener, et dès qu'il sentit ses jambes s'appesantir, il se coucha sur le dos, comme l'homme l'avait ordonné. En même temps celui-ci s'approcha, et, après avoir examiné quelques instants ses pieds et ses jambes, il lui serra fortement les premiers en lui demandant s'il le sentait. Le sublime patient lui répondit que non.

Lui ayant ensuite serré les jambes et porté les mains plus haut, il s'aperçut que le bas-ventre était déjà glacé et que le corps se roidissait.

Socrate se découvrit alors, et adressa à Criton ces dernières paroles : « Nous devons un coq à Esculape; n'oublie pas d'acquitter cette dette. »

Probablement que Socrate voulait ainsi remercier le dieu de la médecine, du breuvage empoisonné qui brisait les liens qui l'empêchaient d'entrer dans une vie meilleure.

Peu de temps après il fit un mouvement convulsif, ses regards devinrent fixes. Le sage venait d'expirer. Criton lui ferma la bouche et les yeux.

Fig. 49. — Socrate recevant la coupe.

Dans son magnifique poëme de Socrate, M. de Lamartine s'exprime ainsi :

Entre les bras d'un songe il semblait endormi.
L'intrépide Cébès, penché sur son ami,
Rappelant dans ses yeux l'âme qui s'évapore
Jusqu'au bord du trépas l'interrogeait encore.

Dors-tu ! lui disait-il ; la mort est-ce un sommeil ?
Il recueillit sa force, et dit : C'est un réveil !
— Ton œil est-il voilé par des vapeurs funèbres ?
— Non : je vois un jour pur poindre dans les ténèbres.
— N'entends-tu pas des cris, des gémissements ? — Non :
J'entends des astres d'or qui murmurent un nom !
— Que sens-tu ? — Ce que sent la jeune chrysalide
Quand, livrant à la terre une dépouille humide,
Aux rayons de l'aurore, ouvrant ses faibles yeux,
Le soufle du matin la roule dans les cieux !
— Ne nous trompais-tu pas ? Réponds ; l'âme était-elle ?
— Croyez-en ce sourire, elle était immortelle !
— De ce monde imparfait, qu'attends-tu pour sortir ?...
— J'attends comme la nef un souffle pour partir.
— D'où viendra-t-il ? — Du ciel. — Encore une parole !
— Laisse mon âme en paix afin qu'elle s'envole.

Puis un léger soupir de ses lèvres coula
Aussi doux que le vol d'une abeille d'Hybla.

Quatre-vingts ans après, Phocion eut la gloire de boire à la même coupe.

Vrai philosophe, habile capitaine, grand homme d'État, d'une austère vertu, d'un ardent patriotisme, Phocion fut accusé de trahison et condamné sans qu'on eût entendu sa défense. Il pouvait s'échapper ; mais, comme Socrate, il voulut obéir à l'inique sentence qui le frappait.

Un de ses plus intimes amis étant venu lui dire en pleurant : « O mon cher Phocion, quel indigne traitement pour un homme tel que vous ! »

« Je m'y attendais, répliqua-t-il : c'est le sort qu'ont éprouvé les plus illustres citoyens d'Athènes. »

Ses ennemis, assemblés autour de lui, le couvrirent d'insultes et d'opprobres ; un d'eux lui cracha au visage. Phocion ne fit que se retourner vers les magistrats, et leur dit : « Ne pourriez-vous pas empêcher cet homme de commettre des choses si indignes ? » Un de ses amis lui ayant demandé s'il n'avait rien à dire à son fils : « Oui, dit-il, c'est de ne point se souvenir de l'injustice des Athéniens. »

Nicoclès et ses autres compagnons ayant pris le poison avant lui, comme il n'en restait plus, l'exécuteur refusa d'en broyer, si on ne lui comptait douze drachmes. Phocion pria un ami de les lui donner, puisqu'il n'était pas permis à Athènes de mourir gratis.

Les habitants de l'Espagne, à l'imitation de ceux de Chio, préparaient un poison avec une herbe qui ressemble au persil, sans doute la ciguë ; « ils l'ont sous la main, dit Strabon, pour les moments critiques et fâcheux. »

En parlant de la cité de Marseille, Valère-Maxime mentionne l'usage qu'on y faisait de la ciguë. « On y garde, dit-il, dans un dépôt public, un poison composé avec de la ciguë, que l'on donne à quiconque justifie, devant le conseil des six cents, des raisons qu'il a de désirer la mort ; espèce de jugement où préside une humanité sans faiblesse, qui ne permet pas au citoyen de sortir légèrement de la vie, et qui, lorsque la prudence l'y oblige, lui fournit un moyen prompt et en même temps légal de mettre fin soit à ses adversités, soit à ses prospérités, car l'une et l'autre fortune offrent de grandes raisons de désirer la mort : l'une comme pouvant finir, et l'autre comme pouvant toujours durer. » Il ajoute que cette coutume ne lui paraît pas avoir pris naissance dans la Gaule : il pense qu'elle fut apportée de la Grèce, dont Marseille est une colonie.

Valère-Maxime dit aussi avoir trouvé le même usage dans l'île de Céos, où les vieillards inutiles à la patrie quittaient ordinairement la vie en buvant du poison. Étrange erreur ! comme si l'on pouvait être inutile à son pays en vivant en honnête homme jusqu'au dernier de ses jours ! Il raconte que dans un voyage en Asie, étant dans la ville de Julius avec Sextus Pompée, une dame fit appeler l'illustre Romain pour le rendre témoin de sa mort.

Après s'être longtemps entretenue avec lui, elle fit le partage de ses biens entre les membres de sa famille, prit d'une main le vase où l'on avait préparé le poison, en offrit des libations à Mercure, pria ce dieu de la conduire dans le lieu le plus fortuné des enfers, et vida sans effroi la coupe empoisonnée.

A mesure que les glaces de la mort s'emparaient des différentes parties de son corps, elle le disait tranquillement, et lorsqu'elle sentit que le froid gagnait ses entrailles et son cœur, elle en avertit ses filles, les priant de lui rendre le dernier office : celui de lui fermer les yeux.

On sait que Sénèque reçut de son ancien élève l'ordre de mourir, et qu'il s'ouvrit les veines des quatre membres pour finir ses jours par une hémorragie. La vie s'écoulant trop lentement de ces nombreuses sources, le centurion était impatient.

Le philosophe s'adressant alors à Statius Anneus, dont il avait éprouvé de longue date l'amitié pour lui et l'habileté dans l'art médical, le pria de lui donner de ce poison par lequel on faisait périr à Athènes ceux qu'un jugement public avait condamnés. « Il le but en vain, dit Tacite, parce que ses membres étaient déjà glacés et son corps fermé à la violence du poison; il se fit alors transporter dans une étuve, dont la vapeur l'étouffa. »

Galien rapporte un fait relatif à la ciguë, qui rappelle assez exactement l'immunité acquise, dit-on, par Mithridate contre les poisons. Une vieille femme de l'Attique parvint, par l'habitude et une gradation lente, à manger impunément de la plante vénéneuse, au point de s'en faire une nourriture innocente.

La plupart des auteurs ont parlé de la ciguë comme constituant le fameux poison qui donne si rapidement la mort, et qui chez les anciens était présenté aux lèvres des grands hommes. Jusqu'ici en effet on a cru généralement que ce breuvage n'était que le suc de cette plante broyée.

Cela n'est pas probable, car des faits nombreux démontrent le contraire [1]. Cependant, le suc de la ciguë devait faire l'élément principal du breuvage. Comme il arrive

---

[1] On peut voir sur cette question un excellent petit opuscule : *La Coupe de ciguë, ou la vérité sur la mort de Socrate*, par M. Marmisse, auteur des *Merveilles évangéliques éclairées par les sciences médicales*. Nous constatons ici les faits principaux.

souvent, on a donné à la préparation tout entière le nom de la substance dominante.

Il suffit pour se convaincre de cette assertion, d'examiner les particularités que présentent les cas d'empoisonnement par la ciguë pure, et ceux que produisait la coupe consacrée dans l'antiquité.

Il y a quelque temps, plusieurs journaux ont rapporté le fait suivant :

« On écrit d'Angers que le nommé Yver, maçon, demeurant rue Saint-Nicolas, ayant mangé, par mégarde, de la racine de ciguë, a éprouvé tous les symptômes du plus violent empoisonnement, et malgré les secours qui lui ont été administrés il a succombé samedi soir, au milieu de souffrances atroces.

« Les jambes et la tête de ce malheureux étaient horriblement contournées. Sa langue était tellement tuméfiée, qu'elle lui sortait de la bouche, et sous l'effort des contractions spasmodiques elle a été coupée par ses dents.

« Un autre maçon, nommé Ravary, qui avait aussi mangé de la racine de ciguë, a éprouvé les mêmes symptômes, mais d'une manière moins violente, et grâce aux prompts secours qui lui ont été administrés il a pu être sauvé. »

Voici quelques autres faits.

Un jeune enfant ayant mangé de la racine de ciguë, qu'il prit pour du panais, éprouva peu de temps après des anxiétés précordiales, proféra quelques mots, se coucha par terre et urina avec beaucoup de force ; bientôt il fut en proie à des mouvements convulsifs horribles, perdit l'usage des sens, serra fortement la bouche. Il grinçait des dents, tournait les yeux d'une manière surprenante et rendait du sang par les oreilles. Il avait souvent le hoquet; il cherchait à vomir sans pouvoir ouvrir la bouche; il éprouvait de vives douleurs dans les articulations; sa tête était fréquemment portée en arrière, et le dos fortement arqué. Tous les moyens que l'on mit en usage pour le soulager furent inutiles : il expira environ une heure après l'invasion des symptômes.

Un vigneron italien, qui cultivait des vignes dans son pays, y trouva de la grande ciguë qu'il prit pour de la patenade; il en mangea de la racine à son souper avec sa femme et ils allèrent ensuite se coucher.

Au milieu de la nuit, ils se réveillèrent entièrement fous, et se mirent à courir çà et là, sans lumière, par toute la maison. Dans des transports de fureur et de rage, ils se heurtèrent si rudement contre les murs, qu'ils en furent tout meurtris, enflés et ensanglantés. Ils guérirent par des remèdes convenables.

Quelle vertu précieuse faisait la réputation du fameux poison des anciens? C'est, proclament tous les historiens, qu'il procurait une mort rapide, facile, exempte de douleur, et il est impossible d'expliquer cette vertu constante si la ciguë en était le seul élément.

Thrasyas et Alexias, au rapport de Théophraste, faisaient entrer du pavot et d'autres plantes semblables dans leurs habiles préparations; on ne s'étonnera donc pas que ce breuvage ait pu tuer, pour ainsi dire, en endormant.

Les vomissements, les selles abondantes, les convulsions, les crampes d'estomac, cortége ordinaire de l'ingestion de la ciguë, ont pu s'adoucir et même disparaître en présence de l'opium.

A Athènes, la coupe empoisonnée était un véritable instrument de supplice établi par les lois, mais non de torture, car elle était aussi, en plusieurs lieux, à Chio, à Marseille, à Céos, en Espagne, et même à Rome, un véritable instrument de suicide.

Les gens dégoûtés de la vie y cherchaient une mort rapide, facile et exempte de douleur. Dans l'antiquité, la potion de ciguë était donc à la mode pour les rares exemples de suicide que l'on y découvre.

Que l'on se transporte devant le lit de Socrate, comment expliquerons-nous l'absence du délire, du vomissement, des convulsions, des selles, des douleurs, si l'on ne voit dans la potion rien autre chose que du suc de ciguë? D'un autre côté, comment philosopher jusqu'au dernier souffle, au milieu des convulsions, du délire, des vomissements, des douleurs de tête? Si Socrate n'avait bu que de la ciguë, une heure avant sa mort, le sage n'aurait sans doute été qu'un fou.

Personne n'ignore qu'il est des substances dont la puissance sur notre organisation revêt les nuances du merveilleux. Avec de la ciguë, de la belladone, de la mandragore, de la stramoine, de la jusquiame, du hachich, les relations du moral et du physique sont entièrement bouleversées. Que l'on en présente à Platon et à ses nombreux disciples, qui discutent sublimement dans l'Académie, et ce sanctuaire de la sagesse sera changé en véritable Charenton, peuplé de fous calmes ou furieux.

Nous concluons, avec M. Marmisse, qu'une seule ex-

plication peut faire comprendre comment Socrate, Phocion et les autres victimes légales ou volontaires de la
coupe empoisonnée, ont pu mourir rapidement, avec facilité, sans douleur et sans trouble de leur intelligence :
c'est que le breuvage était composé de diverses substances. On mélangeait le suc de la ciguë avec quelque
principe narcotique, comme l'opium. Le secret de cette
potion antique est perdu; aucun auteur ne nous en a
laissé la formule.

Fig. 50. — Rhubarbe de Népaul.

LE CITRONNIER.

Son origine ; ses propriétés, chantées par Virgile ; son étonnante influence sur le venin de serpent ; faits curieux.

Le citronnier est un élégant arbuste, toujours vert et continuellement chargé de fleurs et de fruits.

Il fut d'abord apporté de la Médie par Palladius, qui en peupla la Grèce ; de là il passa en Italie et dans les provinces méridionales de l'Europe. On le cultive en Sicile, en Portugal, en Espagne, dans le Piémont, en Languedoc et en Provence. On l'élève dans les serres là où la température froide lui serait contraire.

Parmi les riches productions de la Médie, Virgile fait mention d'un arbre aux fruits duquel il attribue les plus grandes vertus contre les poisons. Cet arbre est sans doute le citronnier :

> Vois les arbres du Mède et son orange amère,
> Qui, lorsque la marâtre au fils d'une autre mère,
> Verse le noir poison d'un breuvage enchanté,
> Dans leur corps expirant ramène la santé.

Il paraît que le citron a plus d'efficacité contre les venins dans les pays orientaux, où il vient naturellement, si l'on en juge par ce que rapporte Athénée de deux criminels condamnés par le gouvernement d'Égypte à être livrés aux serpents.

Lorsqu'on les menait au supplice, une femme leur

donna par pitié quelques citrons qu'ils mangèrent. Exposés ensuite aux morsures des serpents les plus venimeux, ils n'en ressentirent aucun mal. Le gouverneur, étonné, les renvoya le lendemain au supplice, et pour s'assurer que le citron était la cause d'un effet si peu attendu, il en fit manger à l'un et non à l'autre. Le premier, quoique mordu plusieurs fois, n'éprouva aucun accident fâcheux; le second expira à l'instant : d'où Athénée conclut que le citron pris à jeun résiste à tous les poisons.

Chez nous on emploie le citron dans un grand nombre de préparations culinaires; mais on ne lui reconnaît point de propriétés différentes de celles des autres acides végétaux contre les poisons qui produisent leurs effets en assoupissant.

Il serait donc à propos de faire de nouvelles expériences pour constater la valeur de son antique renommée.

Fig. 51. — Cyclame de Perse.

LE CYPRÈS.

Ses caractères ; ses propriétés ; légende : Palémon et la tombe de Myrta.

Le cyprès est originaire du Levant ; il est très-répandu dans le midi de l'Europe.

C'est un arbre résineux, de haute taille et de forme pyramidale, à racines nombreuses et déliées, au tronc élevé, dont les rameaux, pressés contre la tige, portent un feuillage d'un vert foncé, composé de petites folioles imbriquées les unes sur les autres ; ses fleurs sont formées de plusieurs écailles arrondies qui, en s'agglomérant, forment un fruit conoïde de la grosseur d'une noix, mûrissant en hiver et s'ouvrant par segments pour laisser échapper la graine.

Le cyprès, par sa couleur sombre, répand autour de lui un certain air de tristesse : aussi est-il l'arbre des tombeaux ; les anciens l'avaient consacré à Pluton.

« Le soir vint, dit Gessner, et Palémon, rempli d'un saint pressentiment, leur dit : « O mes enfants, sortons, allons visiter la tombe de Myrta ; nous y répandrons du vin et du miel, et nous terminerons la fête par des hymnes. » Ils sortirent et allèrent sur la tombe. « Embrassez-moi, mes enfants, » dit le vieillard dans un pieux ravissement. Alors, au milieu de leurs embrassements, il fut changé en un cyprès, dont l'ombre conserve encore le tombeau.

Fig. 52. — Cyprès pyramidal.

« La lune, paisible témoin de cette aventure, s'arrêta dans sa course. Quiconque se repose à l'ombre de cet arbre se sent le cœur agité d'un saint transport, et de pieuses larmes coulent de ses yeux. »

Dans le Midi, on fait avec le cyprès des haies très-serrées et très-hautes, pour servir d'abri aux jardins et à certaines cultures. Son bois, fort et incorruptible, est susceptible de recevoir un beau poli ; la résine qui en découle est utile contre les blessures récentes, et donne une belle couleur. La durée du cyprès est, dit-on, sept fois plus grande que celle du chêne.

Dans le langage des fleurs, il est le symbole du deuil, de la douleur, des regrets.

LE GAROÈ OU ARBRE SAINT.

L'île de Fer et le premier méridien ; description de cette île ; curieux passage ; l'eau
distillée par l'arbre saint ; explication de ce phénomène.

L'île de Fer, qui fait partie du groupe des Canaries, a
attiré spécialement l'attention des savants ; elle fut longtemps le point d'où les géographes comptèrent la longitude. A l'exemple de Ptolémée, ils y faisaient passer le
premier méridien, et Louis XIII, roi de France, ordonna,
en 1634, que cette coutume serait adoptée par les géographes de son royaume.

Aujourd'hui, chaque pays veut avoir son premier méridien ; l'unité a été bannie de la rédaction des cartes ; il
faut avoir des tables comparatives pour s'y reconnaître,
et le plus fol orgueil national ayant prévalu partout sur
l'intérêt de la science : l'un compte de Greenwich, l'autre
de Saint-Pétersbourg, ou de Berlin, ou même de Madrid ;
le moindre observatoire veut, à son tour, devenir le centre
du monde.

Les roches de l'île de Fer ont, en général, un aspect
ferrugineux, et les autres produits qui couvrent le sol
ressemblent assez à des scories de forge ; dans le principe, on aura sans doute pris l'apparence pour la réalité,
et de là probablement sera venu le nom de cette île.

D'après les meilleures observations, l'île de Fer se
trouverait à 27° 47' 30" de latitude nord, et 19° 54' 44"
de longitude occidentale, comptant de Paris.

Une ceinture de lave entoure l'île de Fer et la rend presque inabordable ; elle s'élève rapidement, depuis les falaises qui bordent le littoral, jusqu'à une hauteur de plus de 1,000 mètres. Cependant, sur certains points, quelques petits plateaux disposés en assises rompent l'uniformité de la pente et offrent un sol plus accessible.

Lorsqu'on aborde l'île du côté de la bande septentrionale, on voit se développer, sur un espace d'environ quatre lieues, une enceinte de rochers d'un aspect imposant ; une forêt de lauriers, de palmiers et de grandes bruyères en garnit toutes les anfractuosités.

Des routes qui longent la crête des montagnes permettent d'apercevoir, sur les deux bandes de l'île, les côtés opposés. Des cratères éteints, dont les flancs se sont recouverts d'une végétation vigoureuse, des nappes de laves et de scories, des cônes d'éruptions d'époques plus récentes, se présentent à chaque pas dans cette haute région.

Le promontoire de Salmore, qui s'avance vers le nord, domine tout le golfe et constitue la partie la plus élevée du Time, chaîne de rochers dont les terribles escarpements forment les premiers gradins des montagnes supérieures.

On remarque sur le sommet du promontoire la chapelle de Notre-Dame de la Pena, qui avoisine le hameau de Guarazoca, et sur le point le plus culminant du plateau la chapelle de *los Reyes*.

Une description de l'île de Fer remarquable par son exactitude et par la simplicité du style, est celle que les historiens de Béthencourt écrivirent en 1402 :

« Si parlerons premièrement, dirent-ils, de l'isle de

Fig. 53. — Garoé ou arbre saint.

Fer, qui est une des plus lointaines. C'est une moult belle isle, qui contient sept lieues de long et cinq de large; elle est en manière d'un croissant et très-forte, car il n'y a ne bon port ne bon entrage. Elle a esté visitée par le sieur Béthencourt et par d'autres. Gadifer y fut bien longuement. Elle souloit estre bien peuplée de gens, mais ils ont esté pris par plusieurs et menez en cheti-fuoison et estranges contrées ; aujourd'hui y sont demeurés peu. Le païs est haut et assez plein, garny de grands bocages de pins et de lauriers portant meures si grosses et si longues que merveilles, et sont les terres bonnes pour labourer bled, vin et toutes autres choses. On y trouve maints autres arbres portant fruicts de diverses conditions, et y sont faucons, esperviers, allouettes, cailles et une manière d'oiseaux de courte volée, qui ont plumes de faisan et la taille d'un pape-gaud. Les eaux y sont bonnes, et il y a grand planté de bestes; c'est à savoir : chièvres, pourceaux, brebis, et des lésardes grandes comme un chat; mais elles ne font nul mal et sont bien hideuses à regarder. Les habitans d'icelle sont moult belles gens, hommes et femmes. Il y croît bleds de toutes manières assez. »

Aucun ruisseau n'arrose le pays; les seules sources existantes sont celle située sur les hauteurs de *los Llonillos*, qui fournit une eau potable, toujours limpide et très-froide, et celle de *Sabinosa*, dont l'eau est presque chaude, d'une odeur sulfureuse et d'une saveur piquante. C'est la fontaine médicinale des habitants de l'île; ils en font usage contre les obstructions. Les historiens de Béthencourt en parlent ainsi :

« Quand on a tant mangé que on ne peut plus, qu'on boit d'icelle eau, ainchois qu'il soit une heure la viande est toute digérée, tant qu'on a aussi grande volonté de manger qu'on avait auparavant (1). »

De hautes montagnes, où l'on retrouve des forêts vierges, attirent sur l'île une masse de vapeurs qui humectent et fertilisent le sol; dans plusieurs endroits, la compacité des laves et la nature des autres produits volcaniques retardent encore le développement de la végétation.

Les habitants ont grand soin de recueillir pendant l'hiver les eaux pluviales dans des *hères* ou citernes.

Il existait dans cette île avant 1625 un arbre appelé *garoè*, que plusieurs écrivains mal informés ont traité de fabuleux.

Abreu Galindo, historien des Canaries, ayant vu cet arbre merveilleux, qu'on appelait aussi *arbre saint*, dit qu'il était venu contre un gros rocher, et que c'est mal à propos qu'on le compare au tilleul, parce qu'il n'y ressemblait en rien; son tronc avait 6 mètres de hauteur, et sa tête, ronde, près de 60 mètres de circonférence; le feuillage en était fort touffu, consistant, poli, ne tombant point, et toujours vert, comme celui du laurier, mais plus grand. Son fruit ressemblait à un gland avec son capuchon, et la graine avait la couleur et le goût un peu aromatique des petites amandes que renferme celle du pin. Il y avait tout autour de l'arbre une grande ronce qui s'élevait jusque sur plusieurs de ses rameaux, et aux environs quelques hêtres

______

(1) *Conqueste des Canaries,* p. 123.

avec divers buissons. Du côté du nord, on avait élevé deux grands bassins, de 40 mètres de surface et de 6 mètres de profondeur, afin que l'eau tombant de l'arbre y fût retenue.

« Il arrive souvent, dit le même historien, et sur le matin, qu'il s'élève de la terre, non loin de la vallée, des vapeurs et des nuages, qui sont portés par les vents d'est, fréquents en ces parages, contre les grands rochers qui semblent destinés à les arrêter ; ces vapeurs s'amoncellent sur l'arbre et s'y résolvent en gouttes sur ses feuilles polies. La grande ronce, les hêtres et les buissons du voisinage, les condensent de la même manière. Plus les vents d'est ont régné, plus la récolte d'eau est abondante ; les réservoirs s'en remplissant, on en récolte plus de vingt outres pleines. Un gardien chargé de ce soin la distribue aux gens du pays. »

On dit que cet arbre remarquable, qui probablement était un de ces beaux lauriers des îles Atlantiques (*laurus indica*), a été détruit par un ouragan vers 1625. On pourrait sans doute le renouveler au même lieu.

Le phénomène qu'il présentait est facile à comprendre : on sait que l'eau s'évapore continuellement dans l'atmosphère ; si la température de l'air est plus basse que celle de la vapeur au moment de sa formation, celle-ci se condense par le refroidissement, et apparaît sous forme de brouillard.

Toutes les fois qu'un air chargé de vapeur rencontre un corps dont la température est moindre que la sienne, il en est de même.

C'est également ce qui produit les brouillards que l'on

rencontre fréquemment sur les rivières; pendant l'été, après une pluie d'orage, l'air saturé d'humidité est plus chaud que la surface de l'eau, et dès qu'il approche des lieux où la fraîcheur de la rivière se fait sentir, la vapeur d'eau qu'il contient se condense et devient visible. On peut de même expliquer pourquoi pendant l'été une bouteille sortant de la cave se couvre de vapeur condensée.

Si la condensation est plus considérable, le brouillard se résout en gouttelettes et en pluie : telle est la cause de l'eau qui découlait de cet arbre merveilleux, qui servait de condensateur à la vapeur lui venant de la mer.

Nous pouvons voir quelque chose d'analogue dans nos jardins : après un brouillard humide, les arbres qui ont leurs feuilles dures et polies, tels que les orangers, les lauriers-cerises, etc., se couvrent de gouttes d'eau.

Fig. 54. — Jasmin du Malabar.

LE HACHICH.

Sa description ; ses diverses préparations ; ses usages ; son influence sur le physique et sur le moral ; le Vieux de la Montagne.

Hachich ou *haschisch,* de l'arabe *herbe,* est le nom d'une plante dont le principe actif forme la base des diverses préparations enivrantes usitées en Égypte, et généralement dans presque toutes les contrées orientales.

Cette plante est une espèce de chanvre, qui diffère très-peu de notre chanvre d'Europe; elle est très-commune dans l'Inde et dans l'Asie méridionale, où elle vient sans culture.

Si l'on examine le hachich sur les lieux, on croit reconnaître un chanvre venu dans quelque terre maigre : il est de la même famille et du même genre; les feuilles sont opposées, pétiolées, à cinq divisions profondes et aiguës; les fleurs sont peu apparentes; les mâles et les femelles existent comme dans le chanvre ordinaire; le fruit est une petite capsule contenant une seule graine.

La différence qui se trouve entre le chanvre et le hachich est dans la tige; ce dernier a seulement une hauteur de 75 centimètres à 1 mètre au plus; sa tige n'est pas unique, mais rameuse depuis le pied; les branches sont alternes et ne fournissent pas les filaments que l'on rencontre sur le chanvre.

La principale préparation du hachich, qui sert de

fondement à toutes les autres, est celle appelée techniquement *extrait gras*. On l'obtient fort simplement : on fait bouillir la feuille et les fleurs de la plante avec de l'eau à laquelle on a ajouté une certaine quantité de beurre frais; le tout étant ensuite réduit par évaporation à la consistance d'un sirop, on passe dans un linge.

Le beurre que l'on obtient ainsi est chargé d'un principe actif et empreint d'une couleur verdâtre.

Cet extrait, qui ne se prend jamais seul, à cause de son goût nauséabond, sert à la confection de différents électuaires, de pâtes, d'espèces de nougats que l'on a soin d'aromatiser avec de l'essence de rose ou de jasmin, afin de masquer l'odeur répugnante de l'extrait pur. L'électuaire le plus généralement employé est celui que les Arabes appellent *dawamesc*.

On peut fumer avec le tabac les feuilles du hachich lorsqu'elles sont récemment cueillies; elles ont alors une action rapide et énergique, qu'elles semblent perdre presque entièrement en se desséchant; elles servent aussi à la préparation d'une espèce de bière, dont les effets sont trop violents pour n'être pas dangereux.

L'ivresse par le hachich jette dans une sorte d'extase, qui ressemble à celle que donne l'opium; les hommes tombés dans le délire qu'il procure s'imaginent jouir des objets ordinaires de leurs vœux et goûter une félicité dont l'acquisition coûte peu, mais dont l'usage trop souvent répété altère l'organisation et conduit infailliblement au marasme et à la mort.

L'action du hachich est loin d'être la même pour tous à dose égale; il peut produire des effets extrêmement variés sous le rapport de leur intensité, suivant les individus.

Il y a des personnes qui paraissent résister à des doses qui chez d'autres produiraient les effets les plus intenses.

Chose très-curieuse, avec une certaine volonté on peut arrêter ou du moins diminuer considérablement ces effets, comme on maîtrise un mouvement de colère.

Pour sentir toute la puissance du hachich il faut le prendre à jeun, ou du moins plusieurs heures après avoir mangé.

Les effets de cette substance ont été connus dans la plus haute antiquité : Diodore de Sicile nous apprend que les Égyptiens alléguaient différents témoignages du séjour d'Homère parmi eux, mais spécialement le breuvage qu'il fait donner par Hélène à Télémaque, chez Ménélas, pour lui faire oublier ses maux. Le népenthès qu'Hélène a reçu de Polymneste n'est sans doute autre chose que ce fameux remède usité chez les femmes de Diospolis, et qui a fait dire qu'elles seules avaient le secret de dissiper la tristesse et le chagrin.

Le parti que certains princes du Liban, au moyen âge, surent tirer du hachich tient vraiment du merveilleux.

Le Vieux de la Montagne faisait élever des jeunes gens, choisis parmi les habitants les plus robustes des lieux de sa domination, pour en faire les exécuteurs de ses barbares arrêts. Dans leur éducation, on avait pour but de leur persuader qu'en obéissant aveuglément aux ordres de leur chef ils s'assuraient après leur mort la jouissance de tous les plaisirs qui peuvent flatter les sens.

Ce prince avait fait faire auprès de son palais des jardins délicieux; dans des pavillons, décorés de tout ce que le luxe asiatique peut imaginer de plus brillant, habitaient de jeunes beautés uniquement consacrées aux plaisirs de ceux auxquels étaient destinées ces demeures enchanteresses. C'était dans ces lieux de mystère que les princes ismaéliens faisaient introduire de temps à autre les jeunes gens dont ils voulaient faire les ministres aveugles de leurs volontés.

On leur servait du hachich, qui les plongeait dans un profond sommeil et les privait pour quelque temps de l'usage de toutes leurs facultés; c'est alors qu'on les transportait dans ces pavillons enchantés.

Tout ce qui frappait leurs yeux et leurs oreilles à leur réveil les jetait dans un ravissement qui ne laissait aucun empire à leur âme. On leur faisait croire qu'ils étaient dans le paradis.

Le dévouement fanatique que les princes ismaéliens inspiraient à leurs sujets, au moyen du hachich et de leurs jardins féeriques, ne reculait devant aucun obstacle, aucun sacrifice : un signe de la volonté du maître, et les haschischins n'auraient pas hésité à se précipiter du haut d'une tour, à se jeter dans les flammes ou à se plonger un poignard dans le cœur.

« Quand il (le Vieux de la Montagne) veut confier quelque entreprise à quelqu'un de ces jeunes gens, il leur fait donner un breuvage pour les endormir, et apporter du jardin dans son palais. En se réveillant et se trouvant là, ils sont tout étonnés et fort tristes de se voir hors du paradis. Ils s'en vont incontinent devant le

Vieux, le croyant un grand prophète, et se mettent à genoux. Il leur demande : *D'où venez-vous ?* et ils répon-
dent : *Du paradis.* Ils lui racontent ce qu'ils ont vu et ont
grande envie d'y retourner. Quand le Vieux veut faire
tuer quelqu'un, il appelle celui qui lui paraît le plus
vigoureux et le charge de donner la mort à celui qu'il
désigne. Il le fait volontiers pour retourner en paradis.
Si les assassins échappent, ils reviennent auprès de leur
seigneur ; s'ils sont pris ils ne désirent que la mort pour
retourner en paradis. Quand le Vieux veut faire tuer
quelqu'un, il les mande et leur dit : *Allez, faites telle
chose ; car je veux vous faire retourner en paradis.* Et les
assassins vont et font tout très-volontiers. De cette manière aucun homme n'échappe au Vieux de la Montagne
lorsqu'il veut s'en défaire ; aussi je vous dis que plusieurs
rois lui payent tribut par la crainte qu'ils en ont. » (Marco
Polo, cité par Cantu, *Hist. Univ.*, t. X, p. 61.)

Le prestige qui entourait en Égypte saint Louis, roi
de France, quoique vaincu, était si grand, que le Vieux
de la Montagne eut pour lui les plus grands égards ; il
lui envoya des dons, parmi lesquels étaient un jeu d'échecs,
un éléphant de cristal de roche, une chemise et un anneau, en signe de l'amitié qui devait unir les souverains. Le moine Ivon, chargé par saint Louis de lui porter
en retour des vases d'or et d'argent, des étoffes d'écarlate et de soie, put voir le morne silence et la sombre
terreur qui entouraient le palais du Vieux de la Montagne. A ceux qui approchaient, un hérault adressait ces
mots : « Qui que tu sois, tremble de paraître devant
celui qui tient entre ses mains la vie et la mort des rois. »

Le mot assassin est la corruption du mot haschischin, qui a été donné aux Ismaéliens à cause de l'usage qu'ils faisaient du hachich.

Les préparations du hachich sont propres à exciter les passions les plus honteuses et à donner une action nouvelle à tous les déréglements de l'imagination; aussi leur usage est-il certainement une des causes les plus actives de dégénérescence chez les peuples qui ont le malheur de s'y livrer. Les effets de cette substance influent directement sur le cerveau, produisent un délire spécial, et placent celui qui en use habituellement dans les conditions d'une folie momentanée.

La haute cour de justice de Constantinople a pris une importante décision, sanctionnée par le sultan, pour qu'à l'avenir le débit du hachich soit interdit aux droguistes et à tous ceux qui ne sont pas pharmaciens, et que dorénavant l'on n'en donne plus à fumer dans les cafés. Les pharmaciens eux-mêmes ne devront le délivrer qu'à titre de médicament et sur la prescription d'un docteur.

Fig. 55. — Gentiane acaule.

LA LAITUE.

Ses diverses espèces ; ses propriétés hygiéniques ; son opium.

La *laitue* renferme un grand nombre de variétés. L'espèce principale, la *laitue cultivée*, provient elle-même de trois variétés :

1° La *laitue pommée*, à feuilles concaves;

2° La *laitue frisée*, à feuilles crépues;

3° La *laitue romaine*, à feuilles allongées et plus étroites à leur base. Cette dernière est ainsi nommée sans doute parce qu'elle était en grande vogue chez les Romains, qui en faisaient un de leurs mets favoris.

Les laitues ont toujours été les plus estimées des herbes potagères; elles sont rafraîchissantes, tempèrent la soif, facilitent l'écoulement des urines, préviennent la constipation et portent au sommeil.

Galien rapporte que dans sa vieillesse il ne trouva point de meilleur remède contre les insomnies auxquelles il était sujet que de manger des laitues le soir, soit crues, soit bouillies. Les disciples de Pythagore leur attribuaient la propriété de calmer les ardeurs du sang.

La laitue contient un jus qui épaissi est un véritable opium, de meilleure qualité que celui qu'on retire du Levant. Le suc laiteux qui forme cet opium existe dans la tige et dans les feuilles de la plante : il se trouve dans des vaisseaux qui lui sont propres, et qui suivent longitudinalement la partie fibreuse de la tige. On le recueille lorsque la plante commence à monter en graines ; auparavant il n'a pas toutes ses qualités, plus tard son produit est moins considérable.

On l'extrait, comme l'opium de pavot, par incision : l'ouverture doit être circulaire ; une petite profondeur suffit. Le jus sort en gouttes blanches, qu'on laisse sur la tige pour les enlever lorsqu'elles sont desséchées. On a essayé d'obtenir cet opium par la pression, mais les autres sucs de la plante qui s'y mêlent l'altèrent presque entièrement.

Toutes les espèces de laitues contiennent plus ou moins d'opium ; la *lactuca silvestris* ou *virosa* de Linné est celle qui en fournit le plus.

Les essais ont été faits sur la laitue commune, qui n'est pas celle qui en donne le moins ; de sorte que les tiges qu'on laisse monter en graines pourraient procurer un double avantage.

Fig. 56. — Laitue de Batavia.

LE LAURIER.

Ses diverses espèces ; laurier d'Apollon ; son odeur pénétrante ; ses propriétés ; le laurier dans l'antiquité ; l'oracle de Delphes ; le portier des Césars ; le laurier en médecine ; les couronnes de laurier ; bachelier, lauréat ; le laurier-amandier ou laurier cerise ; le laurier-rose ; le laurier-camphrier ; extraction du camphre ; le laurier-cannellier.

Il y a plusieurs espèces de *lauriers ;* mais le plus célèbre et le plus anciennement connu est le *laurier commun,* que l'on nomme aussi *laurier d'Apollon*, parce que de tous temps ses branches ont servi à faire des couronnes pour les vainqueurs. Il est originaire de la Crète et du mont Atlas.

C'est un bel arbre, qui s'élève à dix mètres environ dans le midi de l'Europe, dans l'Asie Mineure et dans l'Afrique septentrionale, où il croît spontanément ; mais il est beaucoup moins haut dans nos contrées.

Le bois du laurier est dur et élastique ; il conserve longtemps son odeur aromatique. Ses baies donnent une huile très-usitée en onctions contre les douleurs.

Toutes les parties de cet arbre sont imprégnées de sucs aromatiques, et servent comme parfum et comme assaisonnement.

Le laurier fut toujours la récompense des vertus militaires et des grands talents. Aucun arbre n'a été plus célèbre dans l'antiquité, ni plus souvent chanté par les poëtes. Il était particulièrement consacré à Apollon, parce que, selon la Fable, la nymphe Daphné, poursuivie par ce dieu, avait été changée en cet arbrisseau.

> Sois noblement superbe, arbuste mémorable,
> Que par ses fictions a consacré la Fable,
> Qui vis en tes rameaux transformer la beauté
> Dont le dieu du Permesse essuya la fierté.
>
> (DULARD.)

Les anciens croyaient que le laurier communiquait l'esprit de prophétie et l'enthousiasme poétique. Ils annonçaient les choses futures sur le bruit qu'il faisait en brûlant : ce bruit était un bon augure ; mais s'il brûlait sans aucun petillement, c'était un mauvais signe. Ceux qui allaient consulter l'oracle de Delphes se couronnaient de laurier au retour s'ils avaient reçu du dieu une réponse favorable.

Quand on voulait obtenir des songes heureux, on plaçait des feuilles de cet arbre sous le chevet du lit.

Il était aussi le symbole de la victoire. Lorsque les dictateurs et les consuls s'étaient signalés par leurs exploits, leurs faisceaux étaient entourés de laurier. On plantait des branches de cet arbre aux portes des palais des empereurs le premier jour de l'année. Pline l'appelait *le portier des Césars,* le fidèle gardien de leurs palais. Les anciens croyaient qu'il n'était jamais frappé de la foudre.

> La foudre te respecte, et ta feuille couronne
> Les vainqueurs dans les champs qu'ensanglante Bellone ;
> Les chantres renommés dont les nobles concerts
> Éternisent le nom et charment l'univers.
>
> (DULARD.)

Il était regardé par les médecins comme une panacée universelle ; c'est sans doute pour cette raison qu'on était dans l'usage d'en orner toutes les statues d'Esculape. On en mettait des branches à la porte des appartements où se trouvaient les malades, pour se rendre favorable le dieu de la médecine.

Longtemps dans les écoles on ceignit la tête des jeunes récipiendaires, au moment de leur réception, d'une couronne faite avec les rameaux du laurier garnis de leurs baies ; de là le mot *baccalaureatus,* c'est-à-dire orné de baies de laurier ; d'où on a fait *bachelier.*

C'était une couronne de laurier qui dans le moyen âge récompensait les poëtes, les artistes et les savants qui s'étaient distingués par de grands succès ; c'est de là qu'est venu le nom de *lauréat.*

Laurier-amandier ou *laurier-cerise.* — Ce bel arbuste est originaire de l'Asie Mineure, d'où il fut importé en Europe en 1576 ; depuis il s'est répandu dans presque tous les jardins, où il est recherché à cause de la beauté de son feuillage et de ses usages comme condiment.

Ses fleurs sont blanches, d'une odeur douce ; ses fruits donnent un noyau et une amande très-amers, ce qui tient à la présence de l'acide prussique, qui se trouve abondamment dans cette plante.

Ce poison est si subtil que les seules émanations du laurier-cerise, si l'on s'arrête trop longtemps sous son ombrage, suffisent pour occasionner des maux de tête et des nausées.

On se sert quelquefois de ses feuilles pour donner le goût d'amande au lait et aux crèmes ; mais il ne faut ja-

mais mettre plus de deux feuilles pour un litre de lait, si
l'on ne veut s'exposer à faire naître des accidents, tels
que vertiges, défaillance, etc.

Laurier-rose. — Cet arbrisseau, cultivé maintenant
dans tous nos jardins, est originaire du Levant et de la
Barbarie ; il croît spontanément sur le bord des eaux, en

Fig. 57. — Laurier-rose à fleurs pleines.

Italie, en Espagne, en Grèce et dans le midi de la France.

Le laurier-rose se fait remarquer par son feuillage élégant et par l'éclat et la grandeur de ses fleurs, très-
nombreuses, qui varient du rose au blanc.

Il contient un suc âcre, laiteux et caustique, qui est un
poison pour l'homme et pour les animaux. Les Maures de

la Barbarie réduisent le bois de cet arbrisseau en charbon,
et le font entrer dans la fabrication de la poudre.

Le *laurier-camphrier* est originaire des contrées montueuses de l'extrême Orient; il a le port du tilleul, l'é-
corce du tronc raboteuse et grisâtre; les feuilles ovales,
longues, alternes, d'un beau vert luisant; les fleurs blanches, petites, en panicules; les fruits pourpres, noirâ-
tres, à une seule graine, de la grosseur du pois chiche.
On trouve le camphre dans un grand nombre de plantes, mais c'est principalement du laurier-camphrier qu'on
le retire avec avantage.

C'est au Japon surtout que l'on en fait l'extraction; pour
cela, on coupe le bois de ce laurier en petits morceaux
qu'on introduit avec de l'eau dans de grandes chaudières
en fer, sur lesquelles on place un chapiteau en terre, garni
dans son intérieur de cordes en paille de riz; on porte à
l'ébullition, et le camphre, entraîné par la vapeur d'eau,
se sublime et s'attache aux cordes sous forme de gre-
nailles de couleur grise. Lorsque l'opération est terminée, on enlève le chapiteau, et l'on détache le camphre,
que l'on met ensuite dans des tonneaux.

Le *laurier-cannellier* est un arbre qui croît à Ceylan, à
Sumatra, à Java; il s'élève jusqu'à la hauteur de cinq ou
six mètres. Ses feuilles sont ovales et assez semblables à
celles du laurier commun; mais l'odeur qu'elles exhalent
est infiniment plus agréable; les fleurs, disposées en bouquets à l'extrémité des rameaux, répandent au loin leur
parfum suave. La cannelle proprement dite est la deuxième
écorce de ce laurier.

Cet arbre a été successivement transplanté et cultivé avec beaucoup de succès aux Antilles, à la Guadeloupe, à la Martinique et à Cayenne.

La différence de sol et de climat a nécessairement apporté des nuances dans les qualités de la cannelle. La cannelle la plus estimée est celle qui se roule le plus facilement; elle doit être aussi mince qu'une feuille de papier; elle est d'un jaune clair, un peu rougeâtre. Sa saveur ne doit occasionner aucune cuisson sur la langue, et ne laisser qu'une saveur sucrée. C'est à Ceylan que l'on recueille cette qualité.

La qualité inférieure est plus épaisse, d'une couleur plus foncée; sa saveur est brûlante, son arrière-goût désagréable.

On recueille soigneusement les menus de la cannelle pour en retirer l'huile essentielle. On les fait macérer pendant une huitaine de jours dans des tonneaux, puis on distille à une chaleur modérée. La couleur de cette huile est d'un jaune doré lorsqu'elle a été fournie par une cannelle de première qualité; autrement elle est plus foncée.

LE LIS.

Le *lis* est une plante herbacée, à tige simple, droite, élégante et couronnée d'un épi de fleurs resplendissantes, qui s'épanouissent en juin et en juillet.

Les fleurs du lis sont en général de grande dimension ; il y en a de diverses couleurs : blanches, roses, carminées, violacées, rouges, orangées, etc.

Les principales espèces sont : 1° le *lis géant*, des montagnes de l'Himalaya, introduit depuis une vingtaine d'années en Europe. C'est la plus grande espèce connue. Sa tige, presque de la grosseur du bras d'un enfant au niveau du sol, s'élève à trois mètres et même plus, et se termine par une grappe de fleurs odorantes, d'un blanc jaunâtre, colorées de carmin à. l'intérieur.

2° Le *lis blanc* (fig. 58) ;

Fig. 58. — Lis blanc.

c'est l'espèce classique du genre, la plus anciennement connue et aussi une des plus belles. L'origine de sa culture remonte aux temps les plus reculés, comme le prouvent de nombreux passages de la Bible et des auteurs grecs et latins.

3° Le *lis à grandes fleurs*, du Japon (fig. 59), plante peu élevée eu égard à la grandeur de ses fleurs ; sa tige dépasse rarement quatre-vingts à quatre-vingt-dix centimètres de hauteur.

Fig. 59. — Lis à grandes fleurs.

4° Le *lis tigré* ou *martagon de la Chine* (fig. 60), très-belle plante de l'Asie orientale, haute d'un mètre et plus. Ses fleurs, au nombre de six à douze sur une même tige, sont grandes, inclinées, d'un rouge écarlate ou orangé ponctué de pourpre et de brun à l'intérieur.

5° Le *lis de Chalcédoine* (fig. 61), connu aussi sous le nom de *martagon d'Orient*, *martagon écarlate*, originaire de l'Asie Mineure, et introduit depuis plusieurs siècles dans les jardins de l'Europe ; ses feuilles sont courtes et ses fleurs rouge écarlate.

6° Le *lis orangé* (fig. 62), indigène de l'Allemagne méridionale, est d'une taille élevée ; ses fleurs, grandes, forment de véritables ombelles au sommet de la tige : elles sont d'un rouge orangé parsemé de ponctuations brunes.

Il est presque aussi commun dans les jardins que le lis blanc.

On croit que le lis blanc, aujourd'hui répandu par toute la terre, nous vient de Syrie. Tout le monde connaît ses grandes fleurs, en forme de cloche légèrement inclinée, d'un blanc si pur, d'une odeur si pénétrante. Aucune plante ne présente à la fois plus de simplicité, plus d'élégance et plus de majesté.

Lorsque le divin fondateur du christianisme parle de toute la splendeur que peut revêtir une tête couronnée, il donne la préférence à la suprême élégance du lis. En rappelant la confiance que l'on doit avoir dans notre Père commun, qui est au ciel, il ajoute : « Considérez comment croissent les lis des champs ; ils ne tra-

Fig. 60. — Lis tigré ou martagon de la Chine.

vaillent point, ils ne filent point, et cependant je vous déclare que Salomon même dans toute sa gloire n'a jamais été vêtu avec autant de magnificence. » (Saint Matthieu, chap. VI.)

Fig. 61. — Lis de Chalcédoine.

Le lis rouge brille d'un éclat tout particulier sous les rayons du soleil; mais il n'offre point dans son port cette dignité modeste, et ne porte pas sur son front l'empreinte de cette sublime majesté qui a fait du lis blanc l'emblème du pouvoir royal.

Le lis est surtout cultivé dans les jardins; cependant on le trouve aussi à l'état rustique dans les prés et les champs.

Son parfum en plein air est des plus agréables; mais il devient trop fort et donne des vertiges et des maux de tête quand on le respire dans des appartements fermés.

On l'emploie pour parfumer des pommades, des essences et des huiles; ses bulbes cuites servent quelquefois en cataplasme pour hâter la maturité des abcès.

Le lis est le symbole de la grandeur et de la majesté :

il figure sur les armoiries de plusieurs souverains, d'un grand nombre de villes et d'ordres de chevalerie.

Il était autrefois l'un des ornements de la couronne de France; il a suivi dans l'exil la branche aînée des Bourbons. On raconte que Garcias IV, roi de Navarre, qui vivait en 1048, étant tombé dangereusement malade, fut guéri par l'image miraculeuse d'une madone trouvée, dit-on, dans une fleur de lis, et qu'en reconnaissance d'un si grand bienfait il institua l'ordre de *Notre-Dame-du-Lis.* Saint Louis avait pris pour devise une marguerite et un lis, la première faisant allusion à la reine, et le second aux armes de France; il avait inscrit sur la devise : *Hors cet anneau pourrions-nous trouver amour?* On conserve encore de nos

Fig. 62. — Lis orangé.

jours la vénération qu'avaient nos pères pour cette belle fleur.

Le lis blanc est également regardé comme l'emblème de l'innocence, de la candeur, de la pureté virginale.

Les Grecs, qui attachaient des idées gracieuses à l'origine de tout ce qui est distingué, regardaient la fleur si belle et si remarquable du lis blanc comme l'image d'une jeune fille qui s'était comparée à Vénus, et attribuaient sa blancheur éclatante à quelques gouttes de lait échappées du sein de Junon.

Fig. 63. — Auricule.

LE MANCENILLIER.

Sa description ; ses étranges propriétés ; ses usages domestiques ; pomme de la mort ;
les flèches empoisonnées ; le curare et ses propriétés ; sa préparation ; description par
M. de Humboldt.

Le *mancenillier* est un arbre de la grandeur du
noyer ; son feuillage est semblable à celui du poirier ; ses
fleurs sont petites, d'un pourpre foncé ; son fruit est
charnu, laiteux, de la couleur et de la forme d'une
pomme d'api ; son bois dur, et d'un très-beau grain, sert
dans l'ébénisterie.

Le nom de mancenillier lui vient de la ressemblance
de son fruit avec une petite pomme que les Espagnols
appellent *mancenilla*. Il croît spécialement dans l'Amérique équatoriale et l'Arabie ; il abonde surtout aux Antilles, où il forme de vastes forêts.

Les feuilles, le fruit, l'écorce et le bois du mancenillier sont pleins d'un suc perfide, qui d'abord d'un goût
très-fade devient bientôt caustique, et brûle à la fois
les lèvres, le palais et la langue.

Lorsque l'on coupe les rameaux du mancenillier, il
découle de l'arbre ce suc blanc, laiteux, âcre, brûlant
et mortel dans lequel les sauvages trempent leurs flèches
pour les empoisonner. Afin de se mettre à l'abri de ce suc,
qui produit sur la peau des ampoules comme le ferait un
charbon ardent, les travailleurs prennent la précaution de

se couvrir les yeux et le visage d'une gaze préservatrice.

Le fruit vert produit un suc pareil, mais moins actif; mûr, il exhale une odeur de citron qui parfume l'air et semble inviter le voyageur poussé par la soif à s'en rafraîchir.

Cependant ce fruit vénéneux peut devenir une substance alimentaire lorsqu'il est convenablement préparé. Pour le transformer ainsi, les indigènes l'écrasent, le délayent dans de l'eau, l'expriment dans un linge, et en séparent la fécule, qu'ils lavent et font sécher pour en faire une bouillie.

On peut conjurer les accidents de l'empoisonnement en administrant immédiatement un vomitif, auquel on fait succéder des boissons adoucissantes, mucilagineuses, huileuses et délayantes.

Les voyageurs ont beaucoup exagéré les dangers des émanations du mancenillier et de l'eau qui a coulé sur ses feuilles; il est vrai cependant que les individus qui sont restés longtemps sous l'ombrage de cet arbre peuvent en éprouver de l'incommodité et ressentir des ardeurs à la peau.

Les féroces insulaires connus sous le nom de Caraïbes et quelques tribus du continent employaient spécialement pour empoisonner leurs flèches le suc du mancenillier, dont le fruit est appelé avec tant de justesse *pomme de la mort* par Cardan.

Quand l'histoire fait mention de cette coutume pour la première fois, elle nous parle du venin des vipères employé pour rendre mortelles les blessures causées par des armes, qui sans cette addition auraient été presque

inoffensives. Pline rapporte que les Scythes se servaient
de ce venin pour empoisonner leurs flèches.

Fig. 64. — Indien africain armé de flèches empoisonnées.

Sous les noms de *curare*, de *voorara*, *urali*, *ourary*, etc.,
on désigne dans les diverses hordes de sauvages les
poisons employés pour envenimer les flèches (fig. 64).

Tous ces poisons proviennent d'une seule et même plante, ou de plantes différentes, mais qui contiennent un principe actif identique, dont le caractère le plus saillant est de n'être absorbé que lorsqu'il se trouve en contact avec le sang, et d'être tout à fait inoffensif lorsqu'il est introduit dans le tube digestif.

M. de Humboldt donne une intéressante description de la préparation du curare, dans son *Voyage aux régions équinoxiales du nouveau continent :* « Lorsque nous arrivâmes à l'Esmeralda, la plupart des Indiens venaient d'une excursion qu'ils avaient faite à l'est, au delà du Rio-Padamo, pour recueillir des *jurix*, ou fruits du bertholletia, et la liane qui donne le curare...

« L'Indien qui devait nous instruire est connu dans la mission sous le nom de *maître du poison (amo del curare)*; il avait cet air empesé et ce ton de pédanterie dont on a accusé jadis les pharmaciens en Europe.

« Je sais, disait-il, que les blancs ont le secret de fa-
« briquer du savon et de cette poudre noire qui a le dé-
« faut de faire du bruit et de chasser les animaux si on
« les manque. Le curare que nous préparons de père en
« fils est supérieur à tout ce que vous savez faire là-bas
« (au delà des mers). C'est le suc d'une herbe qui tue
« *tout bas* (sans que l'on sache d'où le coup est parti). »

« Cette opération chimique, à laquelle le maître du curare mettait tant d'importance, nous paraissait d'une grande simplicité. On donne à la liane (*bejuco*) dont on se sert à l'Esmeralda pour la préparation du poison le même nom que dans les forêts de Javita. C'est le *bejuco* de *mavacure,* que l'on recueille abondamment à l'est de la mission, sur la rive gauche de l'Orénoque, au delà du Rio Annaguaca, dans les terrains montueux et granitiques de Guanaya et de Yumariquin... On emploie indifféremment le *mavacure* frais ou desséché depuis plusieurs semaines. Le suc de la liane récemment recueilli n'est pas regardé comme vénéneux ; peut-être n'agit-il d'une manière sensible que lorsqu'il est fortement concentré. C'est l'écorce et une partie de l'aubier qui renferment ce terrible poison. On racle avec un couteau des branches de *mavacure* de 4 à 5 lignes de diamètre; l'écorce enlevée est écrasée et réduite en filaments très-minces, sur une pierre à broyer de la farine de manioc. Le suc vénéneux étant jaune, toute cette masse filandreuse prend la même couleur. On la jette dans un entonnoir de 9 pouces de haut et de 4 pouces d'ouverture. Cet entonnoir est de tous les ustensiles du laboratoire indien celui que le *maître du poison* nous vantait le plus. Il demanda à plusieurs reprises si *par alla* (là-bas, c'est-à-dire en Europe) nous avions vu jamais quelque chose de comparable à son *embudo*.

« C'était une feuille de bananier roulée en cornet sur elle-même, et placée dans un autre cornet plus fort, de feuille de palmier. Tout cet appareil était soutenu par un échafaudage léger de hachis de palmier. On commence à faire une infusion à froid en versant de l'eau sur la matière filandreuse, qui est l'écorce broyée du *mavacure*. Une eau jaunâtre filtre pendant plusieurs heures goutte à goutte, à l'*embudo*, ou entonnoir de feuillage. Cette eau filtrée est la liqueur vénéneuse ; mais elle n'acquiert de la force que lorsqu'elle est concentrée par l'évaporation, à la manière des mélasses, dans un grand vase d'argile. L'Indien nous engageait de temps en temps à goûter le liquide; on juge d'après le goût, plus ou moins amer, si la concentration par le feu est poussée assez loin. Il n'y a aucun danger à cette opération, le curare n'étant délétère que lorsqu'il entre immédiatement en contact avec le sang. Aussi les vapeurs qui se dégagent de la chaudière ne sont-elles pas nuisibles, quoi qu'en aient dit les missionnaires de l'Orénoque. Fontana, dans ses belles expériences sur le poison des Ticumas de la rivière des Amazones, a prouvé depuis longtemps que les vapeurs que répand ce poison lorsqu'on le projette sur des charbons ardents peuvent être respirées sans crainte, et qu'il est faux, comme l'a annoncé M. de la Condamine, que les femmes indiennes condamnées à mort aient été tuées par les vapeurs du poison des Ticumas.

« Le suc le plus concentré du *mavacure* n'est pas assez épais pour s'attacher aux flèches. Ce n'est donc que pour donner du corps au poison que l'on verse dans l'infusion concentrée un autre suc végétal extrêmement gluant, et tiré d'un arbre à larges feuilles, appelé *kiracaguero*.

« Au moment où le suc gluant de l'arbre *kiracaguero* est versé dans la liqueur vénéneuse bien concentrée et tenue en ébullition, celle-ci se noircit et se coagule en une masse de consistance de goudron ou d'un sirop épais. C'est cette masse qui est le curare du commerce.... Le changement de couleur qu'éprouve le mélange est dû à la décomposition d'un hydrure de carbone. L'hydrogène est brûlé, et le carbone se met à nu. On vend le *curare* dans des fruits de crescentia. »

Si l'identité des effets du curare et du venin des crotales,
la même odeur que possèdent ces deux substances et
l'influence de l'iode sur leur action, donnent beaucoup de
poids à l'opinion, déjà assez répandue, que le principe
actif du curare et des préparations analogues n'est autre
chose que le venin des crotales conservé d'une manière
particulière, il est des preuves qui établissent le contraire :
M. Boussingault a affirmé à l'Académie des sciences que
le curare qu'il a rapporté des bords d'un des affluents
des Amazones ne renferme pas de venin de serpent. Les
Indiens l'avaient obtenu en traitant par l'eau froide l'é-
corce d'une liane fort commune dans les forêts que traversent les grands fleuves de l'Amérique équatoriale. C'est
avec ce même curare, remis en 1833 à M. Pelouze par
M. Boussingault, qu'on a fait presque toutes les expériences qui ont été depuis publiées à Paris sur ce sujet.

Fig. 65. — Souci d'eau à fleurs pleines.

LE MYOSOTIS.

Ses diverses espèces; lieux qu'il préfère; légende touchante.

Le *myosotis*, du grec *mus*, souris, et *ous*, *ôtos*, oreille, a été ainsi nommé par allusion à la forme de ses feuilles. C'est une charmante petite plante, aux fleurs élégantes, tantôt d'un bleu pâle, tantôt roses ou blanches.

Les deux principales espèces sont : le *myosotis des marais*, commun dans les prairies et les lieux humides de l'Europe; ses fleurs sont assez grandes, d'un beau bleu, jaune à l'orifice du tube et disposées en grappes; le *myosotis des champs*, dont les fleurs, très-petites, se montrent dès le printemps et se succèdent pendant tout l'été.

Outre ces deux principales espèces, on distingue un très-grand nombre de variétés intermédiaires.

On trouve le myosotis dans presque toutes les contrées de l'Europe; dans les pâturages, les plaines, les marais, sur les montagnes et les collines, dans les champs et les bois.

Le myosotis produit le plus ravissant effet au milieu des gazons verts; on peut en orner les endroits frais et humides des jardins, le bord des ruisseaux et des pièces d'eau. On l'élève également dans des jardinières et des vases pour l'ornement des salons.

On donne à cette délicieuse petite plante les noms les

plus gracieux et les plus tendres : *Plus je vous vois, plus je vous aime ; Souvenez-vous de moi*, et chez les Allemands, où elle est emblématique comme la pensée l'est chez nous, on l'a nommée *Ne m'oubliez pas.*

« Cette petite fleur, dit M. Aimé Martin, eût été chez les anciens le sujet d'une touchante métamorphose, peut-être moins touchante que la vérité. J'ai entendu raconter en Allemagne que deux jeunes fiancés à la veille de s'unir se promenaient sur les bords du Danube ; une fleur, d'un bleu céleste, se balance sur les vagues, qui semblent prêtes à l'entraîner ; la jeune fille admire son éclat, et plaint sa destinée : aussitôt le fiancé se précipite, saisit la tige fleurie, et tombe dans les flots.

« On dit que par un dernier effort il jeta cette fleur sur le rivage, et qu'au moment de disparaître pour jamais il s'écriait encore : *Aimez-moi, ne m'oubliez pas.* »

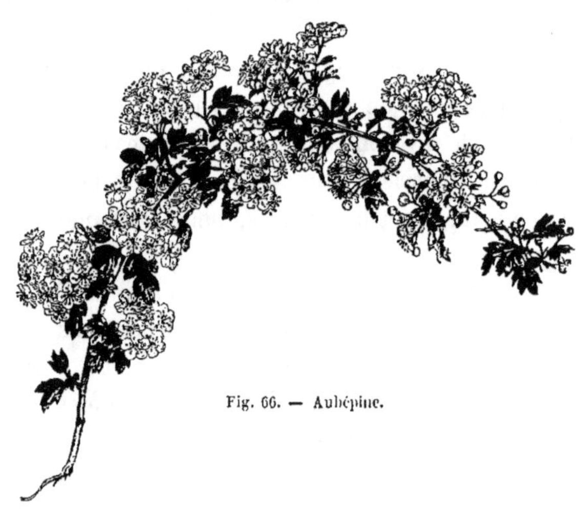

Fig. 66. — Aubépine.

Fig. 67. — Le myosotis. (Légende.)

LE NÉNUPHAR.

Ses diverses espèces; leurs propriétés; le nénuphar chez les anciens Égyptiens;
le nénuphar et l'astre du jour; le nymphéa; charmante description.

On distingue plusieurs espèces de nénuphars, dont voici
les principales : le *nénuphar jaune* (fig. 68). Les feuilles
et les fleurs de cette plante ornent nos lacs et nos étangs
par leur grandeur et leur forme agréable. Les racines sont
longues, épaisses, noueuses, couvertes d'écailles brunes ;
elles poussent des tiges ou plutôt des pétioles très-longs

Fig. 68. — Nénuphar jaune.

qui s'élèvent jusqu'à la surface de l'eau, où ils s'épanouissent en une feuille en cœur, très-large, arrondie, lisse,
épaisse, luisante, attachée à son pétiole latéralement dans
l'échancrure. Les fleurs sont portées sur des pédoncules
de même longueur que les pétioles. Elles sont solitaires,
composées d'un calice à cinq grandes folioles, de beaucoup plus grandes que les pétales, qui sont fort petits,
ovales, disposés sur un seul ou sur plusieurs rangs. On

regarde sa racine comme rafraîchissante, tempérante et un peu narcotique.

Le *nénuphar blanc* ne le cède pas pour la beauté à l'espèce précédente. Les fleurs sont beaucoup plus grandes, le calice a quatre divisions ; elles offrent dans l'intérieur un certain ton de blancheur contrastant avec les anthères, qu'il est difficile de définir, mais qui flatte tellement la vue, que l'on ne peut se lasser de le considérer. Ses racines sont épaisses et charnues comme dans le nénuphar jaune ; ses feuilles sont plus ovales, moins larges, flottantes à la surface de l'eau. Elle croît dans les eaux tranquilles, les étangs, les lacs, etc.

Le *nénuphar lotus* est le fameux *lotus* dont les fleurs sont tant renommées dans la mythologie des anciens. Il ressemble beaucoup au nénuphar blanc ; sa fleur est à peu près la même, également blanche, mais un peu plus grande ; il en diffère particulièrement par ses feuilles dentées. Les racines diffèrent également des espèces précédentes ; elles sont grosses, oblongues, charnues, noires en dehors, jaunes en dedans, d'une saveur douce, un peu astringentes, de la grosseur d'un œuf de poule, chargées d'un grand nombre de filaments blancs et très-fins. On les mange pendant près de trois mois de l'année, soit crues, soit cuites à l'eau ou dans du bouillon. Prosper Alpin prétend qu'avec les semences de cette plante on faisait du pain dans certains cantons de l'Égypte ; Hérodote et Théophraste citent le même fait. Le lotus croît en Égypte, dans les ruisseaux formés par le Nil et qui traversent les terres ; il vient également en Amérique et dans les Indes.

Les anciens Égyptiens, pour qui tout était merveille,
avaient remarqué que la fleur de cette plante, jusqu'à son
entier épanouissement, sortait de dessous l'eau au lever
du soleil et qu'elle s'y replongeait à son coucher. Ils ima-
ginèrent en conséquence qu'il y avait entre elle et l'astre
du jour des rapports mystérieux. Ils la lui consacrèrent,
et le représentèrent souvent assis sur cette fleur. De
là vint aussi la coutume de la mettre sur la tête d'Osiris
et de plusieurs autres divinités, de même que sur celle
des prêtres qui étaient à leur service.

Fig. 69. — Nymphéa commune ou lis d'eau.

Les rois d'Égypte, affectant le symbole de la Divinité,
se sont fait des couronnes de cette fleur. On la voit avec
sa tige, comme un sceptre royal, dans la main de quelques idoles; elle est aussi représentée sur les monnaies
tantôt naissante, tantôt épanouie.

La *nymphéa* ressemble parfaitement aux nénuphars
par le port; mais elle en diffère par ses fleurs, généralement plus grandes, par ses corolles, plus fournies, aux
pétales plus allongés, et surtout par la couleur des fleurs,
qui est le blanc, le rose, le rouge carmin ou le bleu, rarement le jaune (fig. 69).

Insignifiant peut-être aux yeux du vulgaire, le nénuphar sait arrêter les regards du poëte; il a inspiré à un de nos critiques les plus renommés de bien beaux vers. M. Barbey d'Aurevilly nous a permis d'extraire d'un écrin précieux, connu de quelques amis seulement, les charmantes strophes suivantes :

Nénuphars blancs, ô lis des eaux limpides,
Neige montant du fond de leur azur,
Qui, sommeillant sur vos tiges humides,
Avez besoin pour dormir d'un lit pur ;
Fleurs de pudeur, oui, vous êtes trop fières
Pour vous laisser cueillir... et vivre après ;
Nénuphars blancs, dormez sur vos rivières,
  Je ne vous cueillerai jamais!

. . . .

Nénuphars blancs, fleurs des eaux engourdies,
Dont la blancheur fait froid aux cœurs ardents,
Qui vous plongez dans vos eaux détiédies,
Quand le soleil y luit; nénuphars blancs,
Restez cachés aux anses des rivières,
Dans les brouillards, sous les saules épais...
Des fleurs de Dieu vous êtes les dernières!
  Je ne vous cueillerai jamais!

L'ŒILLET.

Son origine; l'œillet et les soldats de Louis IX; ses vertus médicinales
ses diverses espèces.

L'œillet au riche coloris, à la forme élégante, au suave parfum, de tout temps si recherché en France, est originaire de la Barbarie.

En traversant les siècles, il a pris divers noms, qui rendent son histoire des plus obscures. En remontant aux époques les plus reculées, nous voyons les Africains cultiver l'œillet pour aromatiser une liqueur tonique. Il se nomme alors *giroflée*, et ce nom si ancien lui est encore conservé de nos jours par les Allemands, probablement à cause de l'analogie de son parfum avec celui de la giroflée.

Fig. 70. — Œillet flamand.

L'an 1270, les malheureux soldats de Louis IX, expirant sous les exhalaisons fétides de la brûlante Tunis, trouvent dans cette liqueur un adoucissement à leurs souffrances.

« Il nous vint, dit Joinville, une grande persécution

en l'est, qui estoit telle que la chair des jambes nous desséchoit jusqu'à l'os et nous pourrissoit la chair d'entre les gencives. On n'entendoit par tous lieux que les cris des malades à qui l'on arrachait cette chair morte afin qu'ils pussent avaler. Il ressembloit de pauvres femmes qui travaillent de leurs enfants quand ils viennent sur terre, et l'on ne sauroit dire la pitié que c'estoit. »

Chacun emporta ensuite précieusement en France la plante à laquelle il devait peut-être de revoir la patrie, plante que les savants appelèrent aussitôt *Tunica*, pour graver à tout jamais dans la mémoire et son origine et les tristes souvenirs qu'elle évoque.

On cultiva d'abord l'œillet pour ses vertus médicinales ; on trouvait en lui un tonique énergique, un sudorifique puissant et qui donna lieu à ces vers :

Fig. 71. — Œillet de poëte.

Si Galien et l'art me condamnent à mort,
Œillet, par tes vertus, fais que je vive encor.

Mais il fut abandonné par la médecine, qui trouvait dans d'autres simples des vertus plus puissantes. On commença alors à le cultiver comme plante d'agrément ; il donna bientôt tant de variétés qu'un auteur a pu dire : « Quand j'aurais la mémoire de Thémistocle, qui saluait chaque citoyen par son nom, de Cyrus et de Scipion, qui connaissaient les noms de guerre de tous leurs soldats, quand je pourrais avec Cinéas, ambassadeur de Pyr-

Fig. 72. — OEillet de Chine.

rhus, nommer chaque sénateur, chaque citoyen romain, il me serait impossible de connaître en entrant dans un parterre tous les œillets par leurs noms, tant ils sont nombreux, chacun ayant baptisé celui qu'il croyait avoir élevé le premier, comme l'unique en sa figure et sa couleur. »

Voici le nom de quelques espèces.

Les *œillets flamands* (fig. 70) passent aux yeux de beaucoup de connaisseurs pour les plus parfaits de tous; *l'œillet de poëte* (fig. 71), connu aussi sous le nom d'*œillet barbu*, est indigène de notre pays, et même assez commun dans les Pyrénées centrales et occidentales; *l'œillet de Chine* (fig. 72), importé de la Chine en Europe dès les premières années du dix-huitième siècle par un missionnaire français, l'abbé Bignon, et bientôt devenu presque aussi populaire que les autres espèces d'œillets; *l'œillet superbe* (fig. 73), dont les fleurs roses ou carmin, un peu grandes, sont frangées ou profondément laminées.

Par la grâce de ses formes, par la richesse et la variété de son coloris et son parfum suave, l'œillet fut bientôt regardé par les amateurs comme une des plus agréables fleurs de nos parterres. On lit dans un ouvrage qui date de l'an 1567:

Fig. 73. — OEillet superbe.

Jusqu'à présent les fleurs ont toujours disputé
Qui porteroit le sceptre en leur petit empire;
Le combat est fixé : l'œillet l'a mérité;
Et ce petit traité n'est que pour vous le dire.

Les femmes nobles de la Chine, qui ont une prédilection
toute particulière pour les parfums et les fleurs, ont habituellement un œillet à
la main; l'œillet est
pour ainsi dire une
fleur nationale, qui
doit chez elles faire
partie de toute toilette
élégante.

Ce qui convient le
mieux à la culture de
l'œillet est une terre
substantielle, pourvue
d'un bon terreau de
plantes. L'engrais,
d'ailleurs, doit être
plus ou moins chaud,
selon le pays, l'expo-
sition et la nature du
terrain. Les semis se
font en plein air ou
sous châssis, en *ter-
rine* ou en caisse, vers
le mois d'avril; la se-
mence, déposée sur
une surface unie et
meuble, doit être re-

Fig. 74. — Femme noble de Chine.

couverte d'une couche de terre de deux millimètres environ ; quelques légers arrosages, répétés selon le besoin,
amènent le plant à terme. Mais aussitôt qu'il est levé il

demande tous les soins du jardinier ; car les mauvaises herbes peuvent l'étouffer, les limaces et les cloportes le dévorer,
enfin les variations brusques de température et les pluies
trop longtemps prolongées le détruire. Trop d'humidité
livre les racines à la pourriture, un abri de paillasson les en
préserve ; les alternatives du chaud et du froid, du sec et
de l'humide au printemps, donnent lieu au *blanc*, maladie
qui exige une transplantation et un changement de terre.
La gale provient encore des mêmes causes, et cesse
avec elles ; les limaces, les pucerons et les fourmis, qui
viennent après ces derniers, doivent être éloignés. Les
perce-oreilles pénétrant au fond du calice y portent la
destruction.

Cependant à l'état agreste l'œillet vient partout où se
trouvent quelques grains de poussière et dans les lieux les
plus incultes :

> L'œillet sauvage, fleur du sable,
> Exhale son parfum poivré.
>
> (ANDRÉ LEMOYNE.)

M. A. Dupuis, professeur d'histoire naturelle, a publié un charmant petit livre sur l'œillet, son histoire et
sa culture, dans lequel le bon goût s'unit à la science.

L'OLIVIER.

La culture de l'olivier chez les anciens ; olivier d'Europe ; usage de son bois et de son fruit ; préparation à faire subir aux olives ; huile d'olive ; l'olivier chez les Grecs et les Romains.

I.

L'olivier commun dépasse rarement quinze mètres ; il est cependant plus ou moins grand suivant les lieux où il croît ; il est plus grand dans la Provence que dans le Languedoc, et va toujours en croissant à mesure qu'il approche de l'Europe méridionale, de l'Asie et surtout de l'Afrique, où il devient un arbre de haute futaie.

La culture de l'olivier était connue chez les Hébreux dès le temps de Job, et très-pratiquée du temps de Moïse. L'Attique paraît avoir été le premier canton de la Grèce où la culture des oliviers et l'art de tirer de l'huile de leurs fruits aient été connus, et c'est à Cécrops, prince venu de Saïs, ville de la basse Égypte, que les Athéniens sont redevables de cet art.

L'olivier d'Europe, qui est l'olivier commun, est sans doute originaire d'Asie ; on croit qu'il fut introduit en Provence six cents ans avant Jésus-Christ, par les Phocéens, fondateurs de Marseille.

Cet arbre croît très-lentement, mais sa durée dépasse

14

deux et trois siècles. Il se multiplie par graines, par rejetons, par boutures, et même à l'aide de simples lambeaux d'écorce que l'on enterre dans un terrain bien ameubli. Les coteaux exposés au soleil, les terrains pierreux sont les lieux qui lui conviennent le mieux ; il est sensible à la gelée des grands hivers.

Peu de bois sont aussi riches de nuances et veinés de plus belles couleurs ; il est dur, susceptible d'un beau poli ; on en fait des manches de couteau, des tabatières, des boîtes et des meubles de la plus grande beauté.

Tout le monde connaît le fruit de l'olivier : il est charnu, ovale, ayant au centre un noyau dur et ligneux, qui renferme une amande ; sa chair, ferme et verte avant la maturité, mollit en mûrissant, et se couvre d'une pellicule presque noire : c'est alors qu'on le presse pour en extraire l'huile.

Les olives qui desservent les tables n'ont point atteint leur dernier degré de maturité au moment où on les récolte ; elles ont une saveur amère et désagréable, qu'on corrige en les faisant macérer dans une saumure avec diverses plantes aromatiques.

« Les campagnes qui l'environnent (Uzès), écrivait J. Racine à La Fontaine, sont toutes couvertes d'oliviers qui portent les plus belles olives du monde, mais bien trompeuses pourtant ; car j'y ai été attrapé moi-même. Je voulus en cueillir quelques-unes au premier olivier que je rencontrai, et je les mis dans ma bouche avec le plus grand appétit qu'on puisse avoir ; mais Dieu me préserve de sentir jamais une amertume pareille à celle que je sentis ! J'en eus la bouche toute perdue plus de quatre heures durant, et l'on m'a appris depuis qu'il fallait bien des lessives et des cérémonies pour rendre les olives douces comme on les mange. L'huile qu'on en retire sert ici de beurre, et j'appréhendais bien ce changement; mais j'en ai goûté aujourd'hui dans les sauces, et sans mentir il n'y a rien de meilleur. On sent bien moins l'huile qu'on ne sentirait le meilleur beurre de France. Mais c'est assez vous parler d'huile, et vous me pourrez reprocher, plus justement qu'on ne faisait à un ancien orateur, que mes ouvrages sentent trop l'huile. »

II.

L'huile d'olive est la plus estimée de toutes pour les usages alimentaires; elle sert à diverses branches de l'économie et des arts, à la fabrication des savons fins, à l'éclairage, etc.

L'olivier était en très-grande vénération chez les peuples de l'antiquité; les Grecs en avaient fait le symbole de la sagesse, de l'abondance et de la paix, et l'avaient spécialement consacré à Minerve. Le peuple allait autrefois demander la paix en portant à la main des branches d'olivier. Une couronne du même arbre était le prix de la victoire aux jeux olympiques.

L'olivier sauvage était consacré à Apollon; on le plantait devant les temples, et on y suspendait des présents et les vieilles armes.

A Rome, les nouveaux époux portaient des guirlandes

d’olivier, et l’on en couronnait aussi les morts que l’on portait au bûcher. Un olivier frappé de la foudre annonçait, suivant les augures, la rupture de la paix.

Virgile représente Numa Pompilius une branche d’olivier à la main, pour marquer que son règne fut pacifique. Sur les médailles, une branche d’olivier à la main d’un souverain désigne la paix donnée ou conservée à l’État.

Fig. 75. — Diélytra de Chine.

L'ORANGER.

Sa description ; ses propriétés ; essences et liqueurs qu'on en retire ; ses symbolismes ; orangeries ; histoire de l'oranger Grand-Connétable ; les orangers des châteaux impériaux.

L'*oranger* est un arbre élégant, à cime arrondie, à rameaux anguleux, à feuilles toujours vertes, à fleurs blanches, d'une odeur suave bien connue, et dont toutes les

Fig. 76. — Oranger commun.

parties sont criblées de petites glandes, qui sécrètent une huile volatile très-aromatique, nommée *huile de Néroli*.

On extrait cette essence des pétales, soit par la distillation avec de l'eau, soit par la macération dans une huile grasse ; elle est si forte qu'une petite goutte suffit pour aromatiser une grande quantité d'eau, qui prend le nom d'*eau de fleurs d'oranger*.

Les fruits verts de l'oranger sont très-amers, et servent à la fabrication de diverses liqueurs ; on les confit, et on les vend sous le nom de *chinois*.

L'orange mûre est d'un superbe jaune d'or : c'est un des plus beaux fruits que l'on connaisse ; il fait l'objet d'un commerce considérable dans le midi de l'Europe.

Les meilleures oranges viennent des îles Açores, de Malte, du Portugal, du royaume de Naples, de Sicile, des îles Baléares. Depuis plusieurs années on en expédie de grandes quantités d'Algérie, notamment de Blidah.

Bien que la maturité de l'orange puisse s'effectuer dans le cours d'une saison, il arrive souvent, surtout dans les climats tempérés, comme le midi de la France, qu'on laisse le fruit sur l'arbre pendant deux étés, afin qu'il acquière plus de suavité.

L'orange bien mûre est très-rafraîchissante ; elle se sert sur nos tables. Son écorce fraîche entre dans la composition de certaines liqueurs, notamment du *curaçao ;* on la confit également au sucre. C'est de l'écorce que l'on extrait l'*essence de Portugal* et l'*huile volatile d'orange*, dont on fait usage pour la toilette.

Le suc de l'orange, mêlé à l'eau et au sucre dans des proportions convenables, constitue une boisson rafraîchissante, que l'on nomme *orangeade*, très-utile dans certaines maladies inflammatoires ; comme la limonade, l'orangeade peut se préparer, soit à froid, soit à chaud.

Tout le monde connaît les propriétés antispasmodiques de l'eau de fleurs d'oranger et ses usages. Les feuilles de cet arbre sont également antispasmodiques et un peu toniques ; on les associe ordinairement aux fleurs du tilleul.

La blancheur éclatante de la fleur de l'oranger et la suavité de ses parfums en ont fait le symbole de la douceur et de la virginité, et lui ont donné le privilége de former le bouquet des jeunes mariées.

La culture en caisse des orangers, dans les pays froids ou tempérés, exige qu'on leur fasse passer six mois de l'année dans des serres où l'on entretient une température de 7 à 8 degrés centigrades, et que l'on n'ouvre que pour renouveler l'air pendant les beaux jours.

On a construit pour cela, dans les grands palais, notamment au Luxembourg, aux Tuileries et à Versailles, de vastes salles nommées *orangeries ;* on en sort les orangers vers le 15 mai et on les rentre dans le mois d'octobre.

Les orangers que l'on y conserve exigent, s'ils sont très-touffus, des arrosages copieux tous les quinze jours, tandis que ceux qui ont peu de feuilles n'en demandent que tous les mois. En plein air, on arrose tous les quatre jours avec de l'eau qui a été exposée au soleil.

Cet arbre a été connu de toute antiquité. On le croit originaire de l'Inde, d'où il aurait été importé en Arabie, puis en Palestine, en Égypte et dans les contrées barbaresques ; c'est là que les poëtes anciens plaçaient le jardin des Hespérides ; ils y faisaient mûrir les oranges, qu'ils appelaient *pommes d'or*, et en confiaient la garde à un dragon redoutable.

L'oranger ne fut introduit en Sicile qu'au commencement du onzième siècle ; les croisés le répandirent en Italie et même en Provence, à Hyères, entre autres localités. A cette époque, les Arabes l'avaient déjà importé en Espagne. Au commencement du seizième siècle il n'en existait encore dans le nord de la France qu'un seul pied : c'est le magnifique oranger que l'on admire dans l'orangerie du palais de Versailles, et qui est connu sous les noms de *Grand-Connétable*, de *François Ier*, et de *Grand-Bourbon*; il a plus de quatre cents ans.

Il provient de quelques pepins d'une orange amère semés dans un pot, en 1422, par Éléonore de Castille, femme de Charles III, roi de Navarre; il a donc aujourd'hui quatre cent quarante-six ans; il mesure un mètre et demi de circonférence.

Les orangers qui en naquirent furent ensuite conservés dans une même caisse jusqu'en 1499, à Pampelune. Après être passés en différentes mains comme des objets rares et précieux, ils devinrent la propriété du connétable de Bourbon, qui les fit placer dans son château de Chantelle, situé dans le Bourbonnais.

Les biens meubles et immeubles du connétable ayant été confisqués en 1522, ces orangers vinrent décorer le palais de Fontainebleau, que François Ier avait fait restaurer et agrandir. Lorsque Louis XIV eut achevé Versailles et fait construire sa magnifique orangerie, il donna ordre que tous les orangers existant dans les résidences royales y fussent apportés. C'est à cette époque, c'est-à-dire en 1684, plus de deux siècles et demi après leur naissance, que les orangers de Pampelune y furent transférés.

Le *Grand-Connétable*, que l'on peut considérer comme le doyen de tous ces arbres, est toujours très-vivace et ne paraît avoir nullement ressenti les atteintes de la vieillesse.

Les orangers placés dans le jardin des Tuileries sont au nombre de deux cents environ. On en compte cent quarante-six grands, qui ont toujours appartenu aux orangeries de la couronne. Ils ont deux cent cinquante ans, et même quelques-uns trois cents ans d'existence, et ont successivement décoré les jardins de Fontainebleau, de Meudon et de Versailles. Le plus grand nombre, parmi eux, ne sont aux Tuileries que depuis 1798. Auparavant ils appartenaient à l'orangerie de Versailles. C'est à cette résidence qu'on est allé en prendre au fur et à mesure pour remplacer ceux qui étaient malades, et avoir toujours le nombre d'arbres exigé pour l'ornementation du jardin des Tuileries.

Quant aux cinquante petits orangers de ce jardin, ils sont à peine centenaires, et ont été élevés dans les serres de Versailles et de Meudon.

Tous les fruits de l'Europe méridionale et la plupart de ceux de la zone tropicale prospèrent en Algérie. Parmi ces fruits, celui qui jouit de la plus grande réputation est l'oranger. Cet arbre croît sur tous les points de la colonie qui n'ont pas plus de 600 mètres d'altitude, surtout dans les lieux abrités ; il y acquiert les qualités les plus parfaites de goût et d'arome pour peu qu'il soit convenablement cultivé.

La culture des oranges comprend, outre le fruit de ce nom, le citron, dont le limon est une variété ; le cédrat, la pamplemousse, le poncire. Parmi les oranges on compte de nombreuses variétés, dont les plus communes sont : le portugal, le chinois, la mandarine, dont l'introduction est récente, mais qui s'est déjà largement multipliée ; la bigarade, orange amère essentiellement propre à faire de l'eau de fleur d'oranger ; la bergamote, la mélarose, etc.

Les oranges, citrons et autres fruits de la même famille deviennent, d'année en année, un article d'exportation plus important. D'après le catalogue de l'Exposition de 1867, les Européens possèdent en Algérie 127,686 pieds d'orangers, en rapport ou non ; ils ont exporté en 1865 9,932,700 fruits. Les indigènes ne possèdent que 75,172 pieds, dont ils ont exporté 4,352,880 fruits. La province d'Alger renferme sensiblement plus d'orangeries que les deux autres, et Blidah est le principal centre de cette production ; les orangeries forment autour de cette ville une ceinture toujours verte de plus de 200 hectares.

Fig. 77. — Pétunia blanc.

LE PAVOT ET L'OPIUM.

Description du pavot; le pavot chez les anciens; culture du pavot; ses propriétés; nature de son opium, sa récolte, ses préparations; laudanum; les fumeurs d'opium; influence de l'opium sur le physique et sur le moral.

I

Les *pavots* cultivés sont presque tous annuels, et la couleur de leurs fleurs est très-variée. La corolle du pavot simple a quatre pétales; le suc qu'il produit ressemble à du lait, mais il change de couleur en se coagulant et passe à l'état d'opium.

Les trois espèces les plus communes sont : le *pavot - coquelicot* ou *coquelicot* (fig. 78), à fleurs d'un rouge éclatant, qui croît spontanément parmi les blés, et qui donne, par la culture, de belles fleurs doubles; le *pavot somnifère* (fig 79), ou *pavot des jardins*, grande et belle espèce, que l'on cultive dans les parterres comme fleur d'ornement, et dans les champs pour en extraire l'huile connue sous le nom d'*huile d'œillette*.

Une espèce aussi belle que

Fig. 78. — Coquelicot, ou pavot des moissons.

le pavot somnifère est le *pavot involucré* (fig. 80), du nord de l'Asie ; il possède de fortes racines ; son feuillage est découpé sur les bords ; ses tiges sont roides, et se terminent chacune par des fleurs d'un rouge intense.

Chez les anciens, le pavot était l'un des attributs de Morphée ; c'était avec cette plante que le dieu touchait ceux qu'il voulait endormir. Il était aussi consacré à Cérès, soit parce qu'il croît au milieu des blés, soit parce que Jupiter en fit manger à la déesse pour lui procurer du sommeil et apporter quelque trêve à sa douleur, lorsqu'elle pleurait l'enlèvement de sa fille Proserpine.

Dans le langage des fleurs, le pavot est en général le symbole de la langueur et du sommeil ; le pavot blanc exprime le soupçon, le pavot mêlé la surprise, le pavot rose la vivacité, le pavot rouge l'orgueil, le pavot simple l'étourderie.

La tige du pavot somnifère est très-élevée ; ses feuilles sont larges, d'un vert glauque ; ses fleurs très-grandes, inclinées avant leur épanouissement et relevées ensuite, de couleur purpurine, marquées d'une tache noirâtre à leur base.

Les semences de ce pavot sont excessivement nombreuses ; on a calculé qu'un seul pied pouvait en produire jusqu'à 36,000.

Cette graine est entièrement dépourvue des principes narcotiques existant dans tout le reste de la plante, et c'est elle qui fournit, par expression, *l'huile d'œillette.*

On sème les pavots d'ornement et les pavots oléagineux en automne ou au printemps, et on récolte la graine en juillet et août.

Le pavot somnifère a été cultivé de toute antiquité ; les Romains, les Perses et les anciens Égyptiens en pétrissaient les semences torréfiées en les mêlant avec du miel, et en faisaient plusieurs espèces de gâteaux et autres friandises. Cet usage s'est conservé de nos jours dans quelques contrées de l'Allemagne et de l'Italie.

II

On sait que l'opium est le suc épaissi de plusieurs espèces de pavots, notamment du pavot somnifère. On recueille ce suc à l'aide d'incisions faites aux capsules ou aux têtes de pavot non encore mûres, d'où il découle sous forme laiteuse ; il se concrète promptement.

Les anciens distinguaient deux espèces de sucs de pavot ; celui dont nous venons de parler et celui appelé *meconium*, qui était le suc épaissi que l'on retirait de toute la plante.

L'opium se prépare principalement en Turquie et dans l'Inde. Il nous arrive sous forme de masses plus ou moins dures, amères, et d'une odeur vireuse et caractéristique.

Dans le commerce, on distingue l'opium de Smyrne, qui est considéré comme le meilleur ; l'opium de Constantinople et celui d'Égypte. On commence à le récolter en France.

C'est au commencement de l'été que se fait la récolte de l'opium. Quand la fleur du pavot est tombée, c'est-à-dire au moment de la maturité, on coupe horizontalement la tête des capsules. Il en sort un suc laiteux, blanc, qui coule petit à petit, et qui est recueilli le lendemain à l'aide d'une spatule et mis dans un vase que le moissonneur porte à son côté.

Les personnes employées à cette récolte éprouvent après le travail un assoupissement profond, et elles seraient complétement enivrées si elles n'avaient pas la précaution de porter sur leur front un oignon coupé en deux, dont elles respirent l'odeur de temps en temps.

On falsifie l'opium avec un grand nombre de substances, entre autres la bouse de vache, la terre, le plomb, le cachou, la fécule, les feuilles de pavot hachées, etc.

L'opium est brun, dur; sa saveur est âcre et amère; son odeur nauséabonde et caractéristique. Il se ramollit à une douce chaleur; celle de la main suffit. Lorsqu'on le chauffe au contact de l'air, il s'enflamme promptement.

Il est le meilleur des calmants et des débilitants du système nerveux; il doit surtout son efficacité à des alcalis, tels que la morphine, la codéine, la nicotine, la méconine, qui s'y trouvent en combinaison avec de l'acide sulfurique.

On administre l'opium à l'intérieur en pilules, en lavements; ou à l'extérieur en lotions, en injections, etc. A trop fortes doses, il agit comme un poison violent, enflamme les organes, et finit par donner la mort. On peut en combattre les effets par des vomitifs, puis par des excitants, tels que le café, le thé, etc.

III

L'opium était en usage chez les anciens, mais Paracelse paraît être le premier médecin qui l'ait mis en vogue, en 1527.

Préparée selon les règles de l'art, cette substance est un des remèdes les plus précieux, ne fût-ce que par la propriété qu'elle possède de suspendre les douleurs aiguës.

L'extrait d'opium est un présent inestimable de la nature, non-seulement par l'action calmante qu'il exerce sur le physique, mais aussi pour son influence précieuse contre les affections de l'âme. L'homme accablé d'un coup inattendu, de ces chagrins violents qui font quelquefois naître le désespoir, trouve dans l'extrait d'opium une consolation prompte, mais dont il est dangereux d'abuser. L'effet qu'il produit n'est pas le sommeil, c'est une espèce de somnambulisme, d'ivresse, la seule qui n'accompagne pas la douleur; on entend, on ne répond point; on semble nager dans un fluide, on jouit de l'énergie de tous ses sens, l'imagination n'offre plus que des images agréables; enfin, on oublie ses maux.

Autrefois on ne donnait le nom de *laudanum* qu'à l'opium ramolli dans l'eau, passé avec expression, et évaporé jusqu'à consistance plus ou moins grande; quelquefois aussi à l'extrait d'opium préparé avec le vin. Aujourd'hui on a donné ce nom à tous les médicaments, solides ou liquides, dans lesquels l'opium se trouve associé à divers ingrédients.

On emploie surtout le *laudanum de Rousseau*, préparé

Fig. 79. — Pavot somnifère.

avec de l'opium, du miel, de la levûre de bière et de l'alcool; et le *laudanum de Sydenham*, composé d'opium, de

safran, de cannelle et de girofle, qu'on fait macérer pendant quinze jours à une douce chaleur, avec du vin de Malaga.

On distingue encore le *laudanum balsamique*, ainsi composé : extrait d'opium, sulfure de potasse, extrait de safran et de réglisse, acide benzoïque et baume du Pérou ; le *laudanum liquide de Londres*, préparé avec de l'opium thébaïque, le safran, le castor, l'huile de muscade et le vin ; le *laudanum solide*, extrait gommeux d'opium.

Les diverses préparations dans lesquelles le laudanum n'entre qu'en petite quantité sont dites *laudanisées*.

Pris à dose convenable, le laudanum est un médicament tonique et calmant ; pris à forte dose, il occasionnerait l'empoisonnement : aussi ne l'administre-t-on que par gouttes.

L'excès habituel d'opium a pour conséquence les désordres les plus malheureux, les plus effrayants. Les Turcs et les Chinois ont une véritable passion pour cette substance ; ils l'avalent ou la fument pour se procurer une certaine ivresse, l'usage qu'ils en font les met souvent dans un état de stupeur et d'imbécillité. Ils arrivent graduellement à en consommer des quantités prodigieuses ; mais cet abus est tellement de nature à compromettre la santé publique, que le gouvernement de la Chine s'est vu contraint de le combattre par des mesures sévères.

IV

M. Libermann, médecin de l'armée de Chine, a pu étudier par lui-même les désastreux effets de l'opium dans ce vaste pays. Ses observations judicieuses et précises s'accordent parfaitement avec nos renseignements, et peuvent se résumer ainsi :

Vers l'année 1740, M. Wheler, vice-résident des Indes, et le colonel Watson eurent l'idée d'importer l'opium dans la Chine, et d'en dénaturer l'usage, en le faisant servir, comme cela existait déjà dans les Indes et la Perse, à la production de jouissances factices au moyen d'une excitation délétère.

Les premiers essais de M. Wheler furent couronnés d'un plein succès, et l'usage de la fumée d'opium ne tarda pas à prendre une extension considérable.

La manière de fumer l'opium est connue. La pipe à opium consiste en un tuyau long de 40 à 50 centimètres environ, du diamètre d'un flageolet ordinaire, en bois ou en métal, quelquefois en jade, selon la condition des fumeurs. A la partie inférieure de ce tuyau se trouve une ouverture dans laquelle on visse la tête de pipe ; cette tête est creuse, de forme ronde ou cylindrique, ordinairement en terre, quelquefois en métal, et porte à sa partie supérieure un godet percé d'un petit trou sur lequel on dépose l'extrait d'opium et qui livre passage à la fumée.

Pour la charger, on se sert d'un stylet de métal qu'on

trempe dans l'extrait ; on en prend 10 ou 15 centigrammes environ, qu'on arrondit et que l'on approche de la flamme d'une lampe jusqu'à ce que la matière se gonfle, puis on la place sur le petit godet et on y met le feu. On aspire la fumée lentement ; on l'avale et on ne la rend qu'après l'avoir conservée le plus longtemps possible. La durée d'une pipe, en moyenne, est d'une minute ; vingt à trente aspirations suffisent pour la terminer.

Certains Chinois qui usent depuis longtemps de l'opium vont jusqu'au chiffre énorme de deux cents pipes par jour.

En général, les Chinois ne commencent à fumer l'opium que vers l'âge de dix-huit à vingt ans ; cependant les enfants de dix à quinze ans se sont déjà adonnés à cette ignoble habitude. Les femmes n'en fument jamais, à l'exception de celles qui sont plongées dans les dernières fanges du vice, et encore est-ce rare.

La classe pauvre se livre à la fumée d'opium dans des boutiques que les Anglais ont appelées *opium shops*. Ces établissements fonctionnent publiquement, sans mystère ni précautions pour se soustraire à la police chinoise ; ils portent même un signe distinctif : une feuille de papier jaune ayant servi à filtrer l'extrait d'opium.

On devrait mettre sur ces tavernes cette magnifique et lugubre inscription que le Dante a lue en lettres noires sur la porte de l'enfer :

« C'est par moi que l'on va dans la cité des larmes ; c'est par moi que l'on va dans l'éternité de douleurs ; c'est par moi que l'on va chez la race condamnée !

« Vous qui entrez, laissez à jamais toute espérance ! »

Ces fumoirs publics sont des réduits d'un aspect re-poussant.

Qu'on se figure une salle sombre, noire et humide, ordinairement située au rez-de-chaussée, avec les volets et les portes hermétiquement fermés, ne recevant d'autre lumière que celle des petites lampes à opium ; le long des murs, noircis comme ceux d'une taverne du dernier ordre, sont suspendues quelques sentences de Confucius.

Des lits de camp, recouverts de nattes et portant des rouleaux de paille, servent à recevoir les fumeurs, qui ont besoin de la position horizontale pour se livrer à l'aise à leur funeste plaisir.

En entrant, on est suffoqué par la fumée âcre et irritante de l'opium. On y trouve quinze à vingt fumeurs ayant à la portée de leur main une tasse de thé. Les uns semblent étrangers aux choses de ce monde, les yeux ternes, le regard atone ; les autres, au contraire, sont d'une loquacité étrange et paraissent sous l'influence d'une excitation extraordinaire.

Dans les grands restaurants, il existe des fumoirs plus riches, où les négociants aisés se réunissent pour se livrer en secret à leurs débauches. Cependant, les personnes de la classe élevée fréquentent peu ces établissements publics ; elles ont dans leur maison un appartement réservé à l'opium ; c'est une chambre décorée avec luxe, ornée de peintures extravagantes et meublée de canapés ouvragés avec soin.

V

Le fumeur d'opium a en général la figure d'une pâleur mate et maladive; ses yeux sont caves, entourés d'un cercle bleuâtre; la pupille est dilatée, le regard a une expression particulière d'idiotie hilarante, quelque chose de vague et de gai à la fois; la parole est embarrassée, souvent tremblotante; sa figure est maigre, ainsi que son corps; ses membres sont grêles et sans vigueur, sa marche lente, ses mouvements incertains; sa démarche ressemble à celle des hommes ivres; souvent elle s'accompagne de claudication, ce qui indique un commencement de paralysie des extrémités inférieures. Il porte la tête ordinairement baissée.

Le fumeur passe, dans le cours de son existence vouée à l'opium, par trois périodes bien distinctes :

La première, essentiellement passagère, est la période d'initiation, dans laquelle l'économie, avant de s'habituer à l'opium, lutte contre ce narcotique, et où le fumeur ressent des symptômes tout à fait analogues à ceux que provoque dans les premiers temps l'usage du tabac. Alors la fumée de l'opium produit la céphalalgie, des vertiges, des vomissements, des douleurs épigastriques vives, des défaillances et des syncopes. Son action stupéfiante et narcotique se traduit en outre par un sommeil lourd et pénible, qui est loin d'être agréable. Ces phénomènes morbides disparaissent plus ou moins rapidement, suivant la puissance d'assuétude du fumeur. Ils durent ordinairement de trois à quatre semaines, quelquefois quatre à cinq mois; et même certaines personnes ne peuvent se faire à la fumée de l'opium, et sont obligées de renoncer à l'habitude qu'elles voulaient contracter.

La seconde période, dans laquelle l'impression du narcotique produit quelquefois des phénomènes morbides momentanés, accompagnés chez certains individus de sensations voluptueuses ou agréables, est toujours due à une excitation factice, qui fait rechercher ce dangereux plaisir. La stimulation du système cérébro-spinal en paraît être le caractère prédominant. Quelquefois la stimulation, sous l'influence d'un excès d'opium, se traduit par une série de symptômes graves, qui peuvent amener la mort. On a donné à cet état, qui n'est qu'un degré plus élevé de la période d'excitation simple, le nom de *narcotisme aigu,* à cause de sa grande analogie avec l'alcoolisme aigu; c'est en effet l'ivresse, avec ses deux phases d'excitation et de collapsus; seulement l'agent ébriant est ici l'opium au lieu d'être l'alcool.

Dans cette période, le fumeur, après avoir aspiré quelques doses d'opium, éprouve un pouls vif de 90 à 100; sa peau est moite et se couvre d'une sueur abondante au moindre mouvement. Alors, il sent le besoin de la position horizontale : il s'étend sur son lit de camp, et étanche sa soif brûlante avec du thé. C'est dans cette excitation nerveuse générale que les passions sont particulièrement stimulées : le joueur se livre au jeu, l'ambitieux à ses rêves de fortune, etc.

Cet état fait place, après trois ou quatre heures, à une somnolence bientôt suivie d'un sommeil profond, accompagné de songes, qui le plus ordinairement correspondent

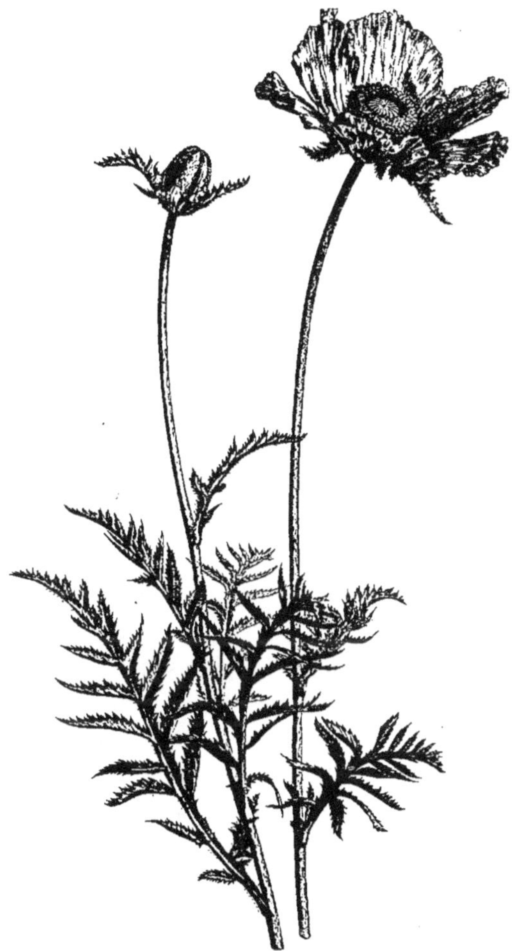

Fig. 80. — Pavot involucré.

aux préoccupations individuelles. La durée de ce sommeil
est de deux à douze heures , et dépend de la quantité d'o-

pium que l'on a fumée et des prédispositions particulières.

Le réveil est ordinairement très-pénible; la tête est
lourde, l'association des idées difficile, la langue pâteuse,
les pupilles dilatées, l'appétit nul, les membres endoloris.
Malgré ces désordres, le fumeur revient à la pipe, .pour
reproduire l'excitation de la veille, comme l'ivrogne revient au vin le lendemain de la débauche qui l'a abruti.
Mais les six, huit ou dix pipes qui suffisaient dans les
premiers temps ne produisent bientôt plus aucune stimulation; l'économie s'y habitue, et l'on se voit obligé d'augmenter les doses. Ainsi on monte de 2 grammes à 5,
à 10 et jusqu'à 60 et 100 grammes. C'est à cette progres-
sion fatalement ascendante des doses d'opium que sont
dues les conséquences pathologiques les plus déplorables.

VI

La troisième période se caractérise par la désorganisa-
tion physique, morale et intellectuelle du fumeur; c'est
alors qu'éclatent toutes les affections dont il avait con-
tracté le germe dans la première période.

Sous l'influence d'un excès d'opium, le fumeur devient
plus gai, plus vif; ses idées sont plus riantes, mais peu à
peu elles se troublent; ses mouvements deviennent incertains, surtout ceux des extrémités inférieures; ses yeux
sont hagards, ordinairement injectés, brillants d'un éclat
inaccoutumé; la pupille est fortement contractée. A cette
période de l'ivresse narcotique éclate souvent un vrai dé-

lire furieux, qui a mis à Java l'autorité hollandaise dans la nécessité de placer à la porte de toutes les tavernes à opium, des agents de police chargés de tuer tout fumeur qui tenterait de se livrer à quelque acte de violence en sortant de ces repaires de débauche.

Ces excès sont souvent suivis de mouvements convulsifs, d'une perte complète de la sensibilité et quelquefois de la mort, qui survient alors au bout de quelques heures.

A l'autopsie, on trouve les signes de la congestion cérébrale et pulmonaire. Deux fois sur cinq autopsies on a trouvé un épanchement de sang considérable dans les méninges; une fois, une apoplexie pulmonaire; dans les deux autres cas, simplement les traces de la congestion de ces deux organes.

Il y a une grande analogie, comme on le voit, entre les lésions anatomiques de l'ivresse narcotique et celle de l'ivresse alcoolique; les apoplexies méningées y sont également très-communes.

Dans l'ivresse convulsive, les convulsions ne se montrent ordinairement que quelques heures après l'ingestion des liquides, sans que les sujets aient présenté des signes bien marqués de l'ivresse; c'est très-probablement une des formes qu'affecte la congestion cérébrale sur certaines constitutions. Les douches d'eau froide ont été recommandées par Percy pour l'ivresse, et ont très-bien réussi dans le narcotisme convulsif.

La décoction de café, qui est depuis longtemps recommandée dans les empoisonnements par l'opium, rend de très-grands services à ceux qui présentent des phénomènes causés par un excès de cette substance. On peut l'administrer par la bouche, mais généralement on est obligé de l'employer en lavement, parce que les malades qui se trouvent dans une phase avancée de narcotisme aigu sont incapables d'avaler quoi que ce soit. On peut le donner à la dose d'un demi-litre, trois fois dans le courant de la journée. Les frictions excitantes, l'enveloppement dans des couvertures chaudes sont des adjuvants excellents, parce qu'ils favorisent la sueur, et probablement l'élimination du poison.

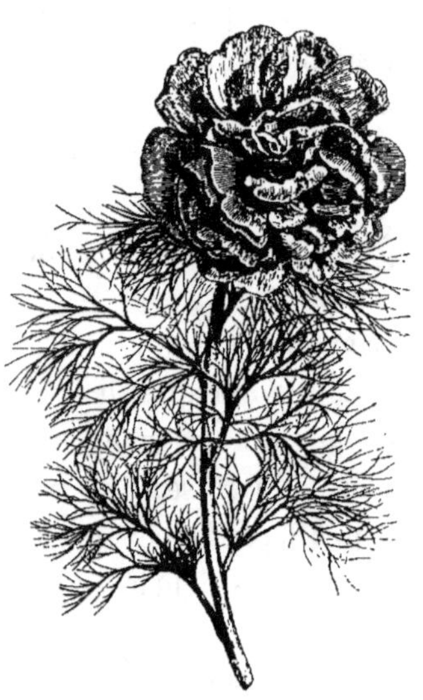

Fig. 81. — Pivoine adonis.

LE PIN.

Ses propriétés; ses diverses espèces; fruits du pin; huile de pignon et manne de
pin; la laine des forêts; ouate et flanelle végétales; l'ambre jaune.

I

Les *pins* sont des arbres toujours verts, généralement
fort grands. Les *fruits* du pin, appelés proprement *pi-
gnes* et vulgairement *pommes de pin,* forment des cônes
constitués par des écailles dures et ligneuses étroite-
ment appliquées les unes contre les autres. A la base de
chaque écaille se voient deux noix osseuses, renfermant
chacune une graine entourée d'une aile membraneuse;
ces graines portent le nom de *pignons*.

Dans la jeune pousse de l'année, la branche du milieu,
appelée *flèche,* s'élève perpendiculairement et domine cinq
à six autres branches qui l'entourent avec régularité. De
l'extrémité de cette flèche s'élève, l'année suivante, une
pousse semblable, en sorte que les pousses successives
forment des étages qui indiquent l'âge de l'arbre avec une
précision rigoureuse.

Les feuilles du pin sont réunies de deux à cinq, selon les espèces, dans une gaîne cylindrique. Elles ne
tombent qu'au bout de plusieurs années; et comme
chaque printemps en amène de nouvelles, il en résulte
que cet arbre n'en est jamais dépouillé et qu'il n'a pour
ainsi dire pas d'hiver : « Elles contribuent à la nour-

riture de l'arbre dans une plus grande proportion que les racines elles-mêmes, dit M. V. Ségalas; cela explique comment le pin, qu'on ne peut guère cultiver avec quelque succès dans les jardins de Paris, où l'art n'épargne rien pour bonifier le terrain, mais où l'air est étouffé, croît cependant merveilleusement dans les plaines arides de la Champagne et des Landes et jusqu'aux plus hautes montagnes des Alpes et des Pyrénées. C'est peut-être aussi à cette propriété nutritive des feuilles que l'on doit attribuer le peu de développement des racines, comparativement au tronc et aux branches. De la forme de ces feuilles, qui interceptent à peine les rayons du soleil et la circulation de l'air, il résulte encore un immense avantage, c'est que sur le même espace de terrain, il peut s'élever quatre à cinq fois plus de pins que d'arbres à feuilles larges, avantage qui se trouve encore doublé par une végétation active qui leur fait atteindre très-rapidement leur maturité. »

Les pins sont des arbres du Nord; ils préfèrent les terrains secs, arides et sablonneux.

Leur bois est plus ou moins résineux, d'un excellent usage, et dure très-longtemps employé en charpente, en planches, en tuyaux pour la conduite des eaux, en bordages pour les ponts des vaisseaux, etc.; de tout temps il a fourni la mâture des vaisseaux.

Plusieurs espèces donnent en abondance de la résine sèche ou liquide, de la poix, du goudron, etc. Un pin ordinaire peut fournir 6 à 8 kilogrammes de résine par an, pendant vingt ans.

On fait avec les pins du Canada une bière qui passe

pour excellente ; on emploie les copeaux de tous les pins à faire des torches et des flambeaux ; on fabrique une espèce de bougie avec la résine jaune que l'on en retire. Les pommes de pin s'emploient comme combustible, surtout pour allumer le feu.

Les *sapins* sont également de beaux et grands arbres résineux, toujours verts et très-voisins des pins. Ils n'en diffèrent que par les feuilles, qui ne sont jamais réunies en faisceaux dans des gaînes, et par les cônes, qui sont composés d'écailles coriaces, mais non ligneuses, amincies au sommet. Ce sont des arbres très-rustiques, croissant naturellement dans les pays froids et sur les hautes montagnes, et se plaisant partout, excepté à l'exposition des vents de mer (fig. 82).

Fig. 82. — Sapin du Nord.

On compte un grand nombre d'espèces de pins, plus de quarante, dont une dizaine viennent naturellement en France.

Le *pin pinier* ou *pignon* (fig. 78), dit aussi *pin parasol*, est un grand et bel arbre, dont les branches forment une tête arrondie et étendue comme un parasol, ornée d'un beau feuillage vert glauque. Il croît spécialement sur les montagnes des contrées méridionales, en France, en Italie, et sur les côtes de Barbarie.

Les fruits de ce pin, fort gros, ne se détachent qu'après trois ans, tandis que ceux de toutes les autres espèces tombent à la fin de la deuxième année; ils renferment des amandes connues sous le nom de *pignons doux*, qui ont à peu près le même goût que les noisettes et dont on extrait une huile très-fine; on en fait aussi des dragées; en Italie on les mange fraîches ou cuites. Comme on cultive cet arbre pour son fruit, on l'appelle quelquefois *pin cultivé*.

Le *pin cembro*, appelé aussi *alviez*, *courre* et *tinier*, s'élève peu et croît lentement; ses graines sont assez agréables au goût, ainsi que l'huile que l'on en retire, quand elle est fraîche.

Son bois est mou, odorant et facile à travailler. Les bergers du Tyrol et de la Suisse en fabriquent de petites figures d'animaux et d'autres objets, qu'ils vendent comme souvenirs aux voyageurs.

Le *pin sylvestre*, appelé aussi *pin suisse*, *pin de Genève*, *pin de Russie*, etc., est un arbre d'une belle forme, qui s'élève à une grande hauteur et qui croît sur la plupart des hautes montagnes de l'Europe. C'est l'arbre de la Suisse, de la Savoie, des Pyrénées, des Vosges et de l'Auvergne.

C'est avec le bois de ce pin, qui est blanc, que l'on fabrique les baquets, les seaux, et autres ustensiles de ménage en usage dans les pays où il croît. On en fait également d'excellents ouvrages de menuiserie et de charpente.

Les Lapons font avec son écorce une espèce de pain, tandis que dans d'autres contrées du Nord cette écorce sert à engraisser les porcs. On l'emploie aussi pour tanner, comme celle du chêne.

Le *pin de Corse* ou *Laricio* (fig. 79) atteint une hauteur considérable; sa tête forme une pyramide régulièrement étagée et recouverte d'une écorce roussâtre, qui est garnie de feuilles longues très-menues, sans roideur sensible. Cet arbre réussit en France. Il peut servir à la mâture, mais il n'a pas la force du *pin sylvestre*.

Le *pin Weymouth* ou *pin du lord* est le géant de la famille; il doit son nom à lord Weymouth, qui l'introduisit le premier en Angleterre.

En Amérique, son pays natal, il atteint jusqu'à soixante mètres de haut, sur six de circonférence. Il est commun aux États-Unis, où son bois est d'un usage général pour la construction des maisons et l'exécution des grandes charpentes; cependant, il est souvent attaqué par de gros vers, qui le perforent en tous sens.

Le *pin larix* ou *mélèze* croît dans les hautes montagnes des Alpes, auprès des glaciers, bien souvent au-dessus des sapins, mais isolé et non réuni en forêt; il vient également sur les montagnes inférieures et dans les vallons élevés, pourvu qu'il ait une exposition au nord, bien aérée.

Il découle de cet arbre une résine abondante, que l'on

recueille avec soin, et qui se vend sous le nom de *térébenthine de Venise*. Dans les mois de mai et de juin, il suinte de ses feuilles, sous la forme de petites graines un peu gluantes s'écrasant facilement sous les doigts, une sorte de manne qui approche de celle de la Calabre,

et qui purge également, mais il en faut une plus forte dose; on la connaît sous le nom de *manne de Briançon* ou de *mélèze*.

Le bois de mélèze l'emporte en bonté et en durée sur celui de tous les autres pins. Il résiste longtemps à l'action de l'air et de l'humidité; on en fait des gouttières, des conduits d'eaux souterraines, de bonnes charpentes; il entre dans la construction des bâtiments de mer; les peintres en font

Fig. 83. — Pin pignon ou pin parasol.

des cadres pour leurs tableaux, etc. Son écorce est propre au tannage des cuirs.

Le *pin maritime* porte la fertilité dans les terrains stériles et sablonneux des rivages de la mer; il s'oppose à l'impétuosité des vents et fixe les sables mobiles. Ses feuilles sont longues de 12 à 15 centimètres; il est d'un beau port et parvient à une grande hauteur.

On le cultive spécialement aux environs de Bordeaux et dans les Landes (fig. 85); il croît sur les montagnes des Pyrénées et du Dauphiné, etc.

Outre les propriétés communes qu'il partage avec les autres espèces de pins, on a su en tirer un parti vraiment merveilleux dans l'industrie et qui mérite une exposition un peu étendue.

II

On est parvenu à extraire du pin maritime non-seulement des liqueurs, des huiles, des résines, mais aussi de la ouate, de la laine à tricoter, des fils qui se transforment en tissus les plus variés, imprégnés d'essences balsamiques, suaves et régénératrices.

La laine végétale, connue en Allemagne sous le nom de *waldwolle* (laine de forêt), est tirée des feuilles aciculaires du pin maritime; c'est le produit d'une industrie nouvelle, parvenue dans ces dernières années à un très-haut degré de prospérité.

La belle substance filamenteuse qu'on obtient des feuilles du pin, au moyen d'un procédé chimique, a été nommée laine de forêt parce qu'elle a beaucoup de ressemblance avec la laine ordinaire, qu'elle est comme elle crépue et feutrée, et qu'elle peut également être filée et tissée.

La feuille droite et en forme d'aiguille du pin, du sapin et des conifères en général se compose d'un réseau extrêmement fin et tenace de fibres, entourées et maintenues unies par une légère pellicule de substance résineuse. En dissolvant cette substance par un procédé de cuisson, avec addition de certains réactifs chimiques, on parvient à mettre les fibres en liberté, et, suivant le mode particulier du traitement dont on fait usage, la matière laineuse qu'on en obtient est fine ou grosse, et s'emploie soit comme coton, soit comme laine à matelas.

L'hôpital de Vienne est le premier établissement qui ait essayé en grand l'usage de cette laine et des étoffes de waldwolle. On a remarqué que la laine de pin écartait des lits les insectes parasites, et que son odeur aromatique était aussi salutaire qu'agréable. Il fut en même temps démontré qu'après un usage de cinq années un matelas de laine de pin coûtait moins qu'une paillasse, attendu qu'il faut renouveler la paille chaque année et quelquefois même tous les six mois. Aujourd'hui, la literie de la plupart des établissements publics d'Allemagne est confectionnée et préparée avec le waldwolle.

La ouate végétale, extraite du même arbre, est toujours sèche; elle dégage un arome éminemment bienfaisant et a une foule d'applications hygiéniques. La flanelle Schmidt-Misseler, fabriquée avec la laine du pin maritime, a le plus riche avenir; les essences qu'elle renferme aident à l'exercice des grandes fonctions de la respiration, de l'absorption et de la transpiration : elle possède un principe balsamique remarquable.

Dans la préparation de la laine végétale, il se forme
une huile éthéréiforme, d'une odeur agréable et de couleur verte, qui s'emploie dans les affections goutteuses
et rhumatismales, pour les blessures, et dans certains cas
de tumeurs cutanées.

L'essence extraite également des feuilles du pin maritime est recommandée comme un fortifiant par excellence
pour les soins de la toilette. Quelques gouttes, versées sur
un fer chaud, s'évaporent et répandent dans un appartement un parfum des plus suaves, éminemment salutaire aux poitrines faibles. Le savon de pin tire directement ses propriétés détersives et adoucissantes de l'huile
éthérée qui entre dans sa composition, et en fait un
précieux cosmétique.

Il a été également reconnu que le liquide ayant servi à
la cuisson des feuilles jouissait aussi de propriétés cura-
tives. On le fait épaissir par concentration, et on l'expédie dans des vases bien clos aux personnes qui désirent
prendre des bains à domicile. L'extrait solide, dissous
dans de l'eau, forme de même un bain doué de toutes les
vertus médicinales des eaux célèbres de Franzensbad,
tant recommandées contre la goutte et certaines affections de la peau.

Le créateur de cette nouvelle branche d'industrie fut
un fabricant de papier nommé Joseph Weiss, de Zuck-
mantel, à l'est de la Silésie. Cet industriel voulait d'abord
employer les aiguilles du pin noir au lieu de la paille pour
la fabrication du papier de pliage. Mais bientôt ses recherches le conduisirent à une découverte qu'il n'avait point
en vue : il reconnut que ces feuilles, dont on faisait peu

de cas, renfermaient des richesses précieuses, des résines,
de l'huile, du tannin,
des filaments fins dont
l'industrie devait tirer
un parti avantageux.
Encouragé, d'ailleurs,
par la réussite de quel-
ques essais tentés sur
une petite échelle, Jo-
seph Weiss transfor-
ma , en 1846, sa fa-
brique de papier en
une fabrique de *wald-
wolle*. Malheureuse-
ment il fut appelé, en
1848, à siéger à Vien-
ne comme membre du
Reichsrath, et son ab-
sence prolongée de-
vint funeste à son en-
treprise, qui ne tarda
pas à languir.

Fig. 84. — Pin laricio.

Cependant, ne voulant pas abandonner des expériences auxquelles un si bel avenir semblait promis, Joseph
Weiss transporta son industrie sur le sol prussien,
et sous la direction d'une société par actions. La fabrique fut établie de nouveau sous le nom de Pré-Humboldt, et on y joignit un établissement de bains d'aiguilles
de pin.

C'est à l'imitation et sur le modèle de cet établissement

qu'il s'en est formé tant d'autres répandus aujourd'hui dans les contrées forestières de l'Allemagne, et jouissant pour la plupart d'une réputation bien méritée.

Le Pré-Humboldt ne fut pas à l'abri des difficultés qu'avait rencontrées la première fabrique de Joseph Weiss, et bien des tracasseries furent suscitées à l'entrepreneur. Cet homme intelligent n'avait plus alors son énergie première; devenu faible sous le poids de l'âge, et plus encore sous celui des rudes épreuves qu'il avait à subir, il dut passer dans la retraite les dernières années de sa vie. S'il ne réussit pas à conquérir la richesse dont l'espoir l'avait sans doute animé à son début, il est mort du moins avec la satisfaction d'avoir doté son pays d'une industrie féconde et l'humanité souffrante d'un véritable bienfait.

Les maladies, les infirmités de tous genres se multiplient dans notre génération d'une manière effrayante; les jouissances nouvelles que le progrès amène, la vie à toute vapeur qu'il introduit dans la société énervent, épuisent, affaiblissent les constitutions et les disposent à mille douleurs; que serait-ce si dans un pareil état de choses le progrès ne faisait trouver le remède à côté du mal?

On peut donc dire avec vérité que les plantes en général, les forêts surtout, renferment pour nous de vraies panacées; que ce sont des pharmacies naturelles que la Providence a établies sur le globe pour prévenir nos maux ou pour les guérir. Hélas! quel dommage que nous sachions si peu en tirer parti! Espérons cependant que les magnifiques résultats que l'on vient d'obtenir en étudiant spécialement un seul arbre, le pin maritime , engageront les investigateurs à puiser dans ces trésors presque inconnus.

C'est une admirable allégorie naturelle que celle que nous présente le pin maritime, et tous les arbres de cette famille, qui bravent les rigueurs des hivers et conservent leurs feuilles resplendissantes sous la neige et les frimas, comme pour indiquer aux hommes qu'il y a moyen de braver tous les temps et de se procurer une belle vieillesse.

Fig. 85. — Le pin des Landes.

III

L'ambre jaune est probablement le produit d'une espèce antédiluvienne d'arbres analogues au pin. Tout le

monde connaît cette substance onctueuse, ressemblant
à de l'or limpide et transparent.

L'ambre jaune, que l'on nomme également *succin* et
carabé, appartient au règne végétal ; c'est une résine fossile, d'un jaune plus ou moins foncé, diaphane, d'une
odeur agréable, et qui est susceptible de recevoir un
beau poli.

Les poëtes anciens supposaient que les grains d'ambre
provenaient des larmes des sœurs de Phaéton ; mais la
science, qui n'est pas du tout sentimentale, nous apprend
qu'il est le produit d'une espèce antédiluvienne de conifères, dont on ne rencontre plus que les graines et les
cônes ; il était primitivement fluide, comme le prouvent
les insectes et les brins de plantes, les feuilles, les pétioles, etc., qu'il contient quelquefois.

L'Institut impérial de géologie de Vienne, en 1863, en
a fait connaître un morceau vraiment extraordinaire,
long de 79 millimètres, large de 32, de forme ovale allongé, d'un jaune de miel, foncé à l'extérieur et complétement durci à sa surface, mais encore mou à l'intérieur. Il a été trouvé à environ six mètres au-dessous du
sol, dans les sables tertiaires de la Silésie.

Les insectes que l'on trouve comme embaumés dans
cette matière résineuse, sont ordinairement ceux qui se
tiennent sur les troncs des arbres ou dans les fissures
de leur écorce, et qui vivent dans les climats chauds.
Ils nous sont généralement inconnus, et paraissent appartenir à des espèces qui n'existent plus.

Les Grecs appelèrent l'ambre jaune *électron*, d'où l'on
a fait le mot *électricité*, car c'est dans cette substance que

pour la première fois les phénomènes électriques ont été observés.

On peut ramollir l'ambre, lui donner des teintes factices, y incruster des corps étrangers, qui en rehaussent le prix aux yeux des amateurs. On l'emploie dans la fabrication de gracieux ornements : on en fait des boucles d'oreille, des colliers, des chapelets, des bracelets, des peignes, des pommes de canne, en un mot mille objets charmants recherchés par le bon goût. On peut le tourner et le sculpter, en faire des instruments de physique, des miroirs, des prismes, des verres ardents, etc. ; on a pu voir de tout cela à l'Exposition universelle, mais il n'y avait que fort peu d'échantillons d'ambre brut, échantillons qui auraient cependant beaucoup intéressé les amateurs.

Fig. 85. — Orne commun ou frêne à fleurs.

LE POIRIER.

Ses variétés ; diverses préparations ; origine des principales espèces ; propriétés
et usage du bois de poirier.

Le *poirier commun* croît naturellement dans les régions
tempérées de l'ancien continent. Sa hauteur atteint de 10
à 12 mètres, et se termine par une belle tête. Dans les jardins potagers on étale
ses branches en espa-
lier, ou bien on le fait
pousser en quenouille
et on lui donne une
forme pyramidale.

Le tronc des vieux
poiriers est recouvert
d'une écorce rugueuse
et gercée, et ses jeunes
pousses d'une peau
lisse d'un brun verdâ-
tre ; souvent les jeunes
rameaux se terminent
par une épine.

Fig. 87. — Poirier.

Les feuilles du poirier sont ovales, un peu coriaces,
d'un vert luisant en dessus et un peu cotonneux en dessous ;
ses fleurs, blanches, réunies en bouquets le long des rameaux ; ses fruits, très-petits et très-âpres à l'état sauvage,

ont été considérablement améliorés par la culture. C'est par eux que l'on distingue les nombreuses variétés de ce genre, qui s'élèvent aujourd'hui à près de six cents.

On compte autant d'espèces de poires que de poiriers; mais comme fruits comestibles on les range vulgairement en deux classes :

1° Les *poires à couteau*, tendres, savoureuses, d'une conservation difficile;

2° Les *poires à cuire*, dont la chair est plus ferme, un peu acerbe, et qu'on ne mange guère que cuites. Elles servent à faire des compotes ; en leur faisant subir une certaine préparation au four, on obtient des poires séchées ou tapées qui se conservent longtemps, surtout si on les tient dans un lieu sec.

On retire des poires une liqueur fermentée, que l'on appelle *poiré* et que l'on mêle souvent au cidre; elle est en grand usage dans le nord-ouest de la France.

Le poiré est d'une saveur agréable, un peu capiteux, très-apéritif; il est excellent, dit-on, pour les personnes qui ont un embonpoint considérable. Quand il est clair, il ressemble beaucoup au vin blanc, et pétille comme le vin de Champagne. On en retire du vinaigre et de l'eau-de-vie. Le marc des poires qui reste dans les pressoirs peut, après avoir été séché, servir à faire des mottes à brûler.

On fait encore avec ces fruits une espèce de confiture, connue sous le nom de *résiné*, qui se compose de poires et de vin doux.

Les poires les plus délicates furent tirées d'Alexandrie, de la Numidie et de différentes parties de la Grèce.

On prétend que la poire de Saint-Germain a été trouvée

dans la forêt de Saint-Germain. La *virgoulée* a été ainsi nommée du village de Virgoulée, près de Limoges, d'où elle nous est venue; le *martin-sec* nous fut donné par un nommé Martin; la *poire de Colmar* est née apparemment sur le territoire de la ville de ce nom; le *bon-chrétien* nous a été donné par saint François de Paule, que l'on surnommait le bon chrétien :

« L'humble François de Paule était, par excellence,
    Chez nous nommé le bon chrétien ;
Et le fruit dont le saint fit part à notre France
    De ce nom emprunta le sien. »

Le bois du poirier est dur, pesant, d'un tissu très-uni, très-serré, d'une couleur un peu rougeâtre; les vers ne l'attaquent pas. Il prend très-bien la couleur noire, et alors il ressemble beaucoup à l'ébène; c'est un des meilleurs bois que l'on puisse employer pour la sculpture et la gravure sur bois.

Il acquiert un beau poli; on en fait des ouvrages de tour et de menuiserie. Les ébénistes l'emploient pour la marqueterie. Les luthiers en font des flûtes et autres instruments; enfin, c'est un excellent bois de chauffage.

C'est sur les poiriers que M. Decaisne a fait ses belles expériences qui démontrent les étonnantes variétés que peut présenter une même espèce. Ce n'est pas seulement par les fruits que les arbres issus d'une même variété ont différé : c'est aussi par leur plus ou moins de précocité, par le port, par la forme des feuilles. Ces différences sont frappantes pour celui qui observe ces arbres rapprochés dans les mêmes planches du Jardin des

Plantes. Autant d'arbres, autant d'aspects différents : les uns sont épineux, les autres sont sans épines ; ceux-ci ont le bois grêle, ceux-là l'ont gros et trapu, etc. Rien n'aurait donc été plus facile, dit l'éminent botaniste, que de faire de ces jeunes poiriers presque autant d'espèces nouvelles, pour peu que l'on eût partagé les idées de l'école qui nie la variabilité dans le règne végétal.

Transportons l'une quelconque de nos races de poiriers dans toutes les régions du globe, ajoute M. Decaisne ; partout où elle pourra vivre, elle tendra à se mettre en harmonie avec les milieux, et on peut être assuré qu'au bout de quelques générations elle aura donné naissance à de nouvelles et nombreuses variétés. Ce fait, qui s'est réalisé sous les yeux de l'homme pour toutes les plantes économiques très-répandues dans le monde, donne la clef de ces espèces polymorphes, si embarrassantes pour les botanistes classificateurs, et qui ne sont devenues telles que parce que la nature les a elle-même disséminées sur d'immenses étendues de pays.

Fig. 88. — Éranthis d'hiver.

LE POIVRIER.

Le poivre; les poivriers; proverbe; poivre noir et poivre blanc; récolte du poivre; ses propriétés.

Tout le monde sait que le poivre est une petite graine d'une saveur piquante et aromatique, un peu moins grosse qu'un pois ordinaire. Il doit la saveur qui lui est propre à une huile concrète, peu volatile, la *pipérine*.

Le poivre est de toutes les épices celle qui a toujours été le plus employée comme assaisonnement; il y eut même une époque où les épices en général portaient le nom de *poivre* : alors les épiciers n'étaient connus que sous la dénomination de *poivriers*.

Avant les voyages des Portugais aux Indes, le poivre était très-cher; une livre valait au moins deux marcs d'argent; de là le proverbe : *Cela est cher comme poivre.*

Il s'offrait en présent, et c'était quelquefois l'un des tributs que les seigneurs exigeaient de leurs vassaux.

La graine du poivre est légèrement charnue à l'état frais : d'abord verdâtre, puis rouge, elle devient noire en séchant; on l'expose au soleil aussitôt après la récolte, afin de la noircir davantage, et en même temps pour la sécher et la rider. Les graines du poivre sont réunies au nombre de vingt à trente sur une même grappe.

On distingue dans l'usage le poivre noir et le poivre blanc; tous deux proviennent d'une même plante sarmenteuse de Java et de Sumatra. Ce qui donne au premier un aspect d'un vert noirâtre, c'est qu'il conserve la peau brune qu'il prend en arrivant à sa parfaite maturité; l'aspect blanchâtre du second vient de ce qu'on l'a dépouillé de cette enveloppe; il est plus doux que le poivre noir.

C'est vers la troisième année de sa plantation que le *poivrier* produit des fruits, dont la récolte se fait habituellement quatre mois après la chute des fleurs. Les mêmes plants, lorsqu'ils sont convenablement soignés, peuvent fournir d'abondantes récoltes pendant près de vingt années consécutives.

Comme toutes les grappes ne mûrissent pas en même temps, on ne les récolte qu'au fur et à mesure de leur maturité, et on a même bien soin de ne pas les prendre trop vertes, car alors elles tombent en poussière pendant la dessiccation.

A l'aide de l'alcool, on retire de cette semence une résine d'un jaune verdâtre, qui jouit d'une saveur tellement forte qu'elle est presque caustique.

On fait une immense consommation de poivre pour l'assaisonnement des aliments dans toutes les parties du monde; mais les peuples qui paraissent en faire le plus grand usage sont les Asiatiques. L'abus de cette substance, comme celui de toutes les épices fortes, irrite l'estomac, et pourrait déterminer une dangereuse inflammation.

LA POMME DE TERRE.

Son origine ; étranges préjugés ; faits curieux ; essai dans la plaine des Sablons ;
la pomme de terre devient enfin populaire ; ses usages.

Tout le monde connaît la *pomme de terre;* elle offre
extérieurement une tige herbacée, des feuilles presque
ailées, des fleurs blanchâtres ou purpurines disposées
en corymbe; son fruit est une baie molle, de la forme et
de la grosseur d'une cerise ; ses racines donnent des tubercules alimentaires, qui sont proprement les pommes
de terre.

La pomme de terre fut apportée en Angleterre, vers
1586, par les colons que sir Walter Raleigh avait envoyés, en vertu d'une patente de la reine Élisabeth,
pour découvrir et cultiver en Amérique de nouvelles
contrées non possédées par les chrétiens.

Il paraît cependant très-probable que la pomme de
terre a été apportée en Europe pour la première fois
par les Espagnols, des parties montueuses de l'Amérique méridionale du voisinage de Quito, pays dont ils
étaient alors les seuls possesseurs.

Dans l'Amérique méridionale, on l'appelait *papas;* en
Virginie, *openank;* les Anglais lui ont donné le nom de
potato, à cause de sa ressemblance avec la *patate,* ou
pomme de terre douce.

Cette plante ne fut d'abord conservée dans quelques

jardins que comme un objet de curiosité; mais après deux siècles d'insouciance les nations du Nord, éclairées par la raison et par l'expérience, cultivèrent à l'envi ce précieux végétal.

Cependant, de nombreux préjugés s'élevaient contre la pomme de terre; comme elle appartient à la famille des solanées, presque toutes douées de propriétés vénéneuses, les savants disaient que de quelque manière que l'on apprêtât cette racine, elle serait toujours dangereuse et fade, et qu'on ne pourrait jamais la compter au rang des aliments agréables.

Le peuple n'était pas moins prévenu contre elle; un cuisinier eût cru déshonorer son maître en la servant sur sa table. Au fort de la révolution, cette prévention n'était point encore tout à fait dissipée. Dans une assemblée populaire, on allait au scrutin pour une place à laquelle l'estime publique semblait porter M. Parmentier : « Ne la lui donnez pas, s'écrie un orateur de faubourg; il ne nous ferait manger que des pommes de terre : c'est lui qui les a inventées. »

C'est en effet Parmentier, par ses nombreux écrits et par ses efforts soutenus, qui vint à bout de répandre la culture de cette plante précieuse dans toute la France. Il prouva, par des expériences répétées, que la pomme de terre n'avait aucune des propriétés nuisibles de la famille des plantes à laquelle elle appartenait, qu'elle pouvait flatter les goûts les plus délicats, et, enfin, qu'on pouvait la cultiver dans les terrains les plus stériles, et même où la charrue n'avait jamais pénétré.

La plaine des Sablons était jusqu'alors inculte; elle lui

fut accordée pour faire ses essais. Louis XVI donna sa
protection à la nouvelle culture; il parut le jour d'une fête
solennelle, devant toute sa cour, portant à sa bouton-
nière un bouquet de fleurs de pomme de terre; dès
ce moment la vogue du nouveau végétal fut assu-
rée. Des semis furent envoyés dans les provinces les

Fig. 89. — La pomme de terre.

plus éloignées, et bientôt les terres incultes furent en-
richies de ce précieux tubercule.

Aucun tubercule n'est plus utile que la pomme de
terre, non-seulement pour la nourriture propre de
l'homme, mais aussi pour celle des animaux domestiques.
En outre, on en retire de la fécule, soit pour la livrer
en nature aux arts, soit pour la convertir en un sirop
destiné à améliorer les vins pendant qu'ils cuvent en-

17

core; ou bien, on la fait fermenter pour en obtenir l'alcool qu'elle contient. Cependant cet alcool ne donne qu'une eau-de-vie d'une qualité inférieure dont on se sert surtout pour préparer des liqueurs.

On compte un grand nombre de variétés de pommes de terre, qui toutes semblent découler des trois types suivants :

1° La *grosse blanche*, dite *patraque*, qui donne trente fois et plus un produit égal à sa semence; elle n'est pas toujours très-farineuse, mais elle est parfaite pour les bestiaux;

2° La *grosse jaune*, dite la *chave*, qui est très-farineuse et de bon goût;

3° La *rouge longue*, dont la chair est ferme, et qui ne s'écrase point en cuisant.

Fig. 90. — Staticé de Sibérie.

LA RENONCULE.

Son origine ; les renoncules et le sultan Mahomet IV ; diverses espèces de renoncules ; leurs propriétés.

Renoncule vient du latin *rana*, qui veut dire grenouille ; ce nom lui a sans doute été donné parce qu'elle croît au milieu des marais. On pense généralement que ce fut saint Louis, qui, de retour du voyage d'outre-mer, apporta en France les premières renoncules. Cependant plusieurs leur donnent une origine moins ancienne : suivant eux, ce fut Kara-Mustapha, le même qui échoua devant Vienne avec une formidable armée, qui mit les renoncules à la mode.

Fig. 91. — Renoncule des fleuristes.

Ce visir, pour amuser son maître, Mahomet IV, qui aimait extrêmement la chasse, la retraite et la solitude, lui donna insensiblement du goût pour les fleurs; et comme il s'aperçut que les renoncules étaient celles qui lui faisaient le plus de plaisir, il écrivit à tous les pachas de l'empire de lui envoyer les racines et les graines des plus belles espèces qu'ils pourraient trouver dans leurs départements. Ceux de Candie, de Chypre, de Rhodes, d'Alep, de Damas firent mieux leur cour que les autres. Les graines que l'on envoya au visir et celles que les particuliers élevèrent produisirent beaucoup de variétés. C'est de là que sont venues ces espèces admirables de renoncules qu'on peut voir dans les plus beaux jardins de Constantinople et de Paris.

Les plus estimées sont les noires, les brunes, et celles de nuances rouge-feu, pourpre, violette et gris de lin. La graine germe cinquante jours environ après qu'on l'a mise en terre. Les fortes racines de renoncule se plantent à l'automne, dans les contrées où l'hiver est doux, ou après les grandes gelées dans les pays plus froids

La *renoncule scélérate* est une espèce très-dangereuse, dont les seules émanations excitent l'éternuement et les larmes. Prise à l'intérieur, elle produit la contraction de la bouche et des joues, un rire sardonique. On la reconnaît à ses fleurs jaunes, petites et terminales.

Nos espèces indigènes sont très-caustiques et la plupart vénéneuses; mais elles perdent cette causticité par leur ébullition dans l'eau ou par la simple dessiccation; aussi celles qui se trouvent dans les foins secs ne sont-elles pas nuisibles aux bestiaux; il en est autrement des autres, qui produisent quelquefois de funestes empoisonnements.

LE ROSIER.

Ses diverses espèces; la rose chez les Grecs ; origine de la rose; légendes ; symbolisme de la rose ; la rose chez les anciens; culture des rosiers ; essence et conserve de rose.

A l'état sauvage la *rose* n'a que cinq pétales ; ce n'est que par la culture que l'on en obtient ce nombre considérable qui fait la beauté de cette fleur.

On connaît aujourd'hui plus de cent espèces du genre *rosier*, toutes originaires de l'hémisphère boréal, qu'elles occupent depuis le Kamtchatka et le Japon, jusqu'aux côtes occidentales de l'Europe. On en trouve aussi quelques-unes dans l'Amérique du Nord. Aucune ne descend au midi jusqu'à l'équateur ; et il en est même très-peu

Fig. 92. — Rose des peintres.

qui dans cette direction dépassent le 25e degré. Toutes sont rustiques dans le midi de l'Europe. Nos gravures représentent les espèces les plus belles.

De tous temps et chez tous les peuples, la rose a été
considérée comme la reine des fleurs. Les Grecs l'avaient
consacrée à Vénus :

> « Lorsque Vénus, sortant du sein des mers,
> Sourit aux dieux charmés de sa présence,
> Un nouveau jour éclaira l'univers :
> Dans ce moment, la rose prit naissance. »

Suivant la Fable, elle était blanche d'abord, et elle fut
colorée par le sang d'Adonis ou par celui de Cupidon ou
même par celui de Vénus, qu'une épine avait blessée.

D'autres font honneur de la rose à Bacchus. Écoutons
Gessner.

« Alors il vide la coupe (Bacchus), puis il rit, et
recommence à raconter comment il a donné naissance
à la rose.

« Je voulais, dit-il, arrêter une jeune nymphe; la
belle fugitive volait d'un pied léger sur les fleurs, et
regardait en arrière; elle souriait malignement en me
voyant chanceler et la poursuivre d'un pas mal assuré.
Par le Styx! je n'aurais jamais atteint cette belle nymphe si un buisson d'épines ne s'était embarrassé dans
un pan voltigeant. Enchanté, je m'approche d'elle.
Belle, lui-dis-je, je suis Bacchus, dieu du vin et de la
joie, éternellement jeune.

« Je touchai alors de ma baguette le buisson d'épines,
et j'ordonnai qu'il se couvrît de fleurs, dont l'aimable
rougeur imiterait la nuance que la pudeur étendait sur
les joues de la nymphe.

« J'ordonnai, et la rose naquit. »

« Au commencement était le rossignol, dit une légende, et il chantait le verbe *Tsukut! Tsukut!* Et pendant qu'il chantait, partout s'épanouissaient et le gazon, et la violette, et la marguerite.

« Il se donna un coup de bec dans la poitrine, le sang rouge coula, et du sang sortit un beau rosier ; c'est à ce rosier qu'il chante son amour. »

Fig. 93. — Rose pompon de saint François

La rose est, en général, le symbole de la beauté, de la grâce, de la fraîcheur et de la tendresse. La *rose blanche* est l'emblème de la virginité et de l'innocence ; la *rose rouge*, celui de l'amour ; la *rose des quatre saisons*, de la beauté toujours nouvelle ; la *rose moussue*, de la prétention ou de la volupté ; la *rose*

Fig. 94. — Rose du Bengale.

à cent feuilles est le symbole des grâces. — La rose est aussi regardée comme l'image des plaisirs éphémères de la vie. Tout le monde connaît ces beaux vers de Malherbe à l'occasion de la mort d'une jeune fille de l'un de ses amis :

> Mais elle était du monde où les plus belles choses
>   Ont le pire destin ;
> Et rose, elle a vécu ce que vivent les roses,
>   L'espace d'un matin.

Les anciens cultivaient la rose avec soin ; ils en composaient leurs parfums, en formaient des couronnes ; ils en ornaient les chars de triomphe, en jonchaient le lit nuptial, les urnes funéraires et les tombeaux.

Le saint-père bénit une *rose d'or* le quatrième dimanche de Carême, pour en faire présent à quelque église, à quelque prince ou princesse. Cet usage ne s'est introduit que dans le XIe siècle ; du moins il n'en est pas parlé plus tôt dans l'histoire. Alexandre III envoya la rose d'or à Louis le Jeune, roi de France, en lui écrivant : « Suivant la coutume de nos ancêtres, de porter dans leur main une rose d'or le dimanche de *Lælare*, nous avons cru ne pouvoir la présenter à personne qui la méritât mieux que Votre Excellence, à cause de sa dévotion extraordinaire pour l'Église et pour nous-même. » La rose d'or a été envoyée dans ces dernières années à la reine douairière du Piémont, veuve du roi Charles-Albert, et en 1861 à l'impératrice des Français.

La culture des rosiers dont la fleur fournit l'essence de roses, d'un commerce si important pour l'Orient, se pratique en Roumélie. Les habitants de cette contrée, qui, généralement plus avancés en agriculture que ceux des autres parties de l'empire, cultivent avec grand

soin l'espèce de
rose avec laquelle
on obtient l'essence
qui est considérée
à juste titre, par
tous les parfu-
meurs, comme la
première d'entre
toutes, bien qu'ils
fa remplacent assez
souvent, dans leurs
préparations odori-
lérantes, par d'au-
tres essences, telles
que celle du géra-
nium, qui a de l'a-
nalogie avec l'es-
sence de rose. La
rose dont nous par-
lons porte de 20 à
25 feuilles; elle est
d'une teinte très-
claire et d'un goût
amer. Le plant qui
la produit, et qu'on
taille à 1 mètre
ou à 1 mètre 30
de hauteur, fleu-
rit avec vigueur

Fig. 95. — Rose moussue.

Fig. 96. — Rose de l'île Bourbon.

et abondance dans les terrains à base argileuse.

La qualité des roses et par suite celle de l'essence varient suivant la nature du terrain, et les diverses qualités sont constatées par l'odorat exercé des courtiers de cette contrée. Une chose bien remarquable, c'est que l'essence de tel village gèle déjà à 15 degrés Réaumur, tandis que celle de telle autre localité gèle à peine à 5 degrés. L'essence de rose s'est vendue jusqu'à ces derniers temps 1,250 francs le kilogramme, et il en entre à

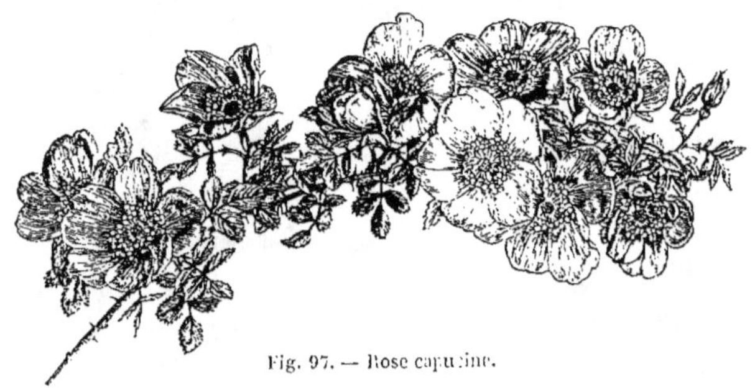

Fig. 97. — Rose capucine.

l'heure qu'il est pour plus d'un million de francs dans le commerce.

On cultive aussi en Turquie une autre variété de roses, avec lesquelles on fait des confitures et des conserves que les dames offrent dans tout l'Orient aux visiteurs.

Le plus ancien rosier connu est celui qui tapisse le mur de la cathédrale de Hildesheim (Prusse); il a un millier d'années; de son tronc principal, qui a 34 centimètres de diamètre, s'étendent six branches d'une hauteur de 5 mètres. Déjà, au moyen âge, l'évêque Hézilon le fit garantir par une toiture contre les intempéries.

LE TABAC.

Ses diverses espèces; le chanvre brûlé des Gaulois et des Germains; découverte du tabac; usage de fumer dans des pipes; introduction du tabac en Europe; sa récolte; sa préparation; changement profond survenant dans la santé des ouvriers qui le travaillent; croisade inutile contre ce narcotique; expériences scientifiques de M. Cl. Bernard; influence de la nicotine sur les chiens, les poules et les autres animaux; son influence sur la constitution de l'homme en général; le tabac cause de l'angine de poitrine, de la cécité, de l'affaiblissement des facultés de l'intelligence; Véron, le comte d'Orsay, le docteur Bretonneau; le tabac et le caractère français; influence du tabac sur les habitudes de la société; curieux dialogue rétrospectif d'Alphonse Karr.

I

On sait que le *tabac* est une plante de la famille des solanées, famille remarquable par les poisons terribles qu'elle fournit, et dont presque tous occasionnent la léthargie, le délire, la folie, la paralysie et la mort. Il suffit de nommer la *jusquiame*, le *datura stramonium* (fig. 98), la *belladone* (fig. 99) et la *mandragore*.

On connaît plusieurs espèces de tabacs, presque toutes originaires de l'Amérique du Sud; mais deux seulement sont cultivées en Europe : la *nicotiane tabac* (fig. 100), que l'on appelle aussi *tabac mâle* ou *commun*, plante très-glutineuse dans toutes ses parties, à tige haute de plus d'un mètre, droite, pubescente et rameuse, garnie de grandes feuilles ovales et lancéolées, dont les inférieures sont munies à leur base de deux oreillettes arrondies, à fleurs d'un rouge pourpre, disposées en panicules; et la

nicotiane rustique, qui ressemble à la précédente (fig 100),
mais dont les feuilles, qui sont obtuses et découpées légèrement en cœur, n'entourent pas la tige; ses fleurs sont d'un jaune verdâtre.

Le climat et le terroir influent beaucoup sur le goût et le parfum de la plante; ces deux espèces ne donnent pas partout des produits de même qualité : c'est pour cela que dans les manufactures de l'État on a adopté un mélange de différents tabacs qui ne varie pas, afin de livrer des qualités toujours égales.

Fig. 98. — Datura cornu.

II

Au milieu de leurs forêts, les anciens Gaulois et les
Germains avaient, dit-on, l'équivalent du tabac; on prétend qu'ils humaient la fumée du chanvre brûlé sur des
pierres rougies au feu, et qu'ils s'enivraient de cette va-

peur, ainsi que leurs druides ou prêtres devant les idoles de Teutatès et d'Irmensul.

La première connaissance que les Européens eurent du tabac coïncide avec la découverte de l'Amérique, le 12 octobre 1492. L'usage du tabac était général parmi les indigènes de l'île Guanuharri, au moment où Christophe Colomb y débarqua. Gonzalvo de Balden, qui écrivait en 1513, donne de longs détails sur cet usage.

Rien n'égala la surprise des Espagnols de voir ces insulaires humer, au moyen de longs tubes en bois, qu'ils appelaient *tabaco*, la fumée d'une plante qu'ils brûlaient sur des charbons ardents, fumée qu'ils rejetaient ensuite par la bouche et les narines. Ceux qui voulurent les imiter éprouvèrent des nausées, et tous les phénomènes dus aux différentes modifications que les narcotiques exercent sur les fonctions cérébrales. Leur première impression fut que ces effets devaient être nuisibles. A mesure que les Européens étendirent leurs conquêtes et leurs découvertes, ils purent se convaincre que l'usage du tabac était général dans le Nouveau-Monde. Les uns le fumaient, les autres le prenaient en poudre ou le mâchaient. Ils s'en servaient même comme substance pharmaceutique, dans le traitement des maladies.

Dans l'Amérique du Nord, l'usage de fumer dans des pipes se confond avec l'origine des peuples de cette partie du monde, comme l'on peut s'en convaincre par les instruments destinés à cet usage, et que l'on retrouve en quantité dans les tombeaux les plus anciens.

L'étude des diverses collections de pipes peut former une sorte de science archéologique, car on voit dans chaque genre non-seulement l'expression vague des différents peuples, mais aussi celle de leur décadence et de leurs progrès artistiques. Cette étude nouvelle ne manquerait pas d'intérêt. Nous avons vu dans nos voyages de nombreuses collections d'amateur, des fumoirs illustres, ceux entre autres de plusieurs têtes couronnées ; nous avons admiré un luxe de pipes vraiment merveilleux, mais en ce genre rien n'est comparable à la collection de M. le baron de Watteville ; il possède depuis la pierre brute sur laquelle le sauvage brûlait le tabac pour en aspirer la fumée avec un léger chalumeau, jusqu'à l'élégante pipe de luxe inaugurée à l'Exposition de 1867 ; il a rassemblé des pipes de tous les pays et de toutes les époques ; c'est une collection unique, qui pourrait servir de base à une intéressante étude ethnographique.

Le tabac fut introduit en France vers l'an 1560 ; il y porta d'abord plusieurs noms ; on l'appela *nicotiane, herbe du grand prieur, herbe à la reine,* parce que Nicot, ambassadeur de France à la cour de Portugal, l'ayant reçue d'un marchand flamand, la présenta, à son arrivée à Lisbonne, au grand prieur, puis à son retour en France, à la reine Catherine de Médicis ; elle fut aussi appelée *herbe de Sainte-Croix, herbe de Torna-Buona,* du nom des cardinaux de Sainte-Croix et Torna-Buona, qui les premiers la mirent en réputation dans l'Italie.

Aux Indes occidentales, au Brésil et dans la Floride, elle portait le nom de *petun,* qu'elle y conserve encore ; mais les Espagnols lui donnèrent celui de *tabaco,* dont nous avons fait *tabac,* parce qu'ils la connurent premièrement à Tabago, l'une des petites Antilles.

C'est aussi de Tabago que sir François Drake l'apporta en Angleterre, en 1585. Ayant commencé à faire usage du tabac, à l'imitation des Indiens, les Anglais le propagèrent bientôt partout où s'étendait leur commerce, et cette plante, qui n'était qu'une simple production sauvage d'une petite île de l'Amérique, se naturalisa en peu de temps dans un grand nombre de climats différents.

III

Les lieux les plus renommés où l'on cultive maintenant le tabac sont le Brésil, Bornéo, la Virginie, le Maryland, le Mexique, la Havane, l'Italie, l'Espagne, la Hollande, l'Angleterre et quelques départements de la France.

Dans le Levant, Salonique est le grand marché du tabac; la Syrie, la Morée, l'Égypte y versent leur superflu. Les tabacs de Dalmatie et de Croatie sont de très-bonne qualité, mais si forts, que l'on ne peut en user sans les tempérer par des tabacs plus doux. Ceux de Hongrie seraient assez bons, s'ils n'avaient généralement une odeur de fumée qui en dégoûte. L'Ukraine, la Livonie, la Prusse, la Poméranie en récoltent une grande quantité, mais il n'a ni saveur ni consistance. Celui du Palatinat est médiocre, cependant il a la propriété de s'amalgamer très-bien avec des tabacs de meilleure qualité et d'en prendre le goût. La province d'Utrecht, en Hollande, en produit d'excellents, qui ont le rare avantage de communiquer leur parfum aux tabacs inférieurs.

Dans l'origine les îles du Nouveau-Monde s'occupèrent beaucoup de la culture du tabac ; mais le sucre, le café et l'indigo la firent bientôt abandonner, excepté à Cuba, qui fournit de tabac en poudre les possessions espagnoles des deux hémisphères ; son parfum est exquis, quoique très-fort. On ne pourrait user du tabac du Brésil, à raison de son âcreté, si on ne le tempérait par une décoction de tabac et de gomme copal. Les meilleurs tabacs du globe croissent dans l'Amérique septentrionale, particulièrement dans la Virginie et le Maryland.

Les Américains ont des règlements pour la préparation de leur tabac et des officiers publics pour en faire l'inspection. Ce sont ces officiers qui en déterminent la qualité ; tout tabac mal préparé, qui a été mouillé en chemin ou qui a fermenté dans les boucauts, est condamné au feu et perdu pour le propriétaire. C'est par la stricte observation de ces règlements que le tabac s'est perfectionné et que son commerce en Amérique a pris une immense étendue.

Quand le moment de la récolte est arrivé, on coupe la plante à rase terre, puis on la suspend à des bâtons flexibles, disposés à cet effet, pour qu'elle sèche, soit à l'air, soit à la chaleur du feu.

Lorsqu'elle est suffisamment sèche, on la rentre et on la dépouille. En Amérique et dans les colonies, ce sont les noirs qui s'occupent de ces détails ; hommes et femmes s'asseyent en rond, et arrachent de la tige les feuilles, dont ils forment trois ou quatre tas, suivant la qualité ou l'apparence.

Une partie des feuilles s'expédie intacte, et l'autre partie après que la grosse côte en a été enlevée. Dans l'un et dans l'autre cas, on les laisse quelque temps en monceaux sur une terrasse, pour qu'elles s'adoucissent ou plutôt qu'elles fermentent un peu. On les entasse ensuite dans des barils de 10 à 12 quintaux, avec une telle force, qu'elles deviennent une masse compacte et aussi résistante que du bois.

Quelques tabacs se composent exclusivement de feuilles foncées, d'autres de feuilles claires, il y en a qu'on humecte davantage et que l'on brunit en les préparant. On en coupe en filaments plus fins les uns que les autres; dans certaines qualités, on remarque encore des débris de tige.

IV

Pour la vente au détail, on prépare le tabac de la manière suivante : on arrache violemment les masses compactes de tabac du tonneau qui les contient, et on les mouille, afin de pouvoir les séparer; on procède ensuite à l'enlèvement de la grosse côte, s'il n'a pas eu lieu à la plantation; puis les feuilles sont réunies en une espèce de galette ferme!, que l'on soumet à l'action du découpoir, d'où sortent les rubans que l'on met en vente.

A Manille, on n'emploie que des femmes à la fabrication des carottes de tabac. La grande fabrique de Manille en occupe ordinairement quatre mille, sans compter les hommes qui préparent, dans des bâtiments séparés, les cigarettes et les petits cigares enveloppés de papier au lieu de feuilles de tabac, que fument les Indiens de l'île.

18

Les femmes travaillent de huit cents à mille dans la
même pièce; elles sont toutes assises ou accroupies à
l'indienne sur le plancher; on les fait ranger autour de
tables présidées par des femmes âgées. Chacune reçoit
un poids désigné des trois qualités de tabac qui entrent
dans la confection d'un cigare et doit rendre une quantité déterminée de carottes, dont le poids et la dimension
se trouvent réglés de cette manière. Elles se servent de
pierres pour battre la feuille sur la table de bois qu'elles
ont devant elles; le bruit que produit un si grand nombre
de personnes frappant à la fois est assourdissant.

On lit dans quelques chroniques de 1870 : Il est dans
Paris des industries dont on ne soupçonne pas l'importance : les bouts de cigare sont la source d'un commerce
des plus actifs.

On croit connaître cette industrie, parce qu'on a remarqué quelques individus qui ramassaient dans la journée le produit en question égaré sur le trottoir ou dans
le ruisseau.

Mais ceux-là ne sont que des amateurs peu fortunés
qui cherchent à se procurer du tabac d'une façon éco-
nomique. Les véritables industriels font un travail sérieux et gagnent très-largement leur vie.

Le matin, dès qu'il fait jour, ils explorent les boule-
vards et les Champs-Élysées. Toute la matinée est consacrée au ramassage des bouts de cigares sur la voie
publique. Ils achètent aussi aux garçons de café ceux
qui traînent dans les salles.

Quand ils ont terminé leur récolte qu'ils placent
dans une large poche ménagée sous leur paletot, ils se ren-

dent sur les berges de la Seine, notamment au pont de la Concorde, et là ils exécutent le *coupage* des cigares.

Leur outillage se compose d'un petit carré de bois pour poser la marchandise, d'un couteau à lame fine et d'une pierre à repasser.

Le tabac, une fois haché, est mis en paquet et se débite au prix de 2 fr. 50 la livre. Ils vendent un sou la valeur de vingt centimes de tabac ordinaire.

Ils fabriquent aussi des cigarettes par le même procédé.

Leurs principaux clients sont les balayeurs municipaux, les petits bimbelotiers de la rue, les marchands des quatre-saisons, les artistes du macadam, les pêcheurs à la ligne, etc.

Les négociants en bouts de cigare sont environ deux cents à Paris. Ils font des journées de trois et souvent de cinq francs.

L'industrie des *bouts de cigare* représente un capital annuel de 250,000 fr.

Le tabac à priser provient de différentes parties de la feuille de tabac : certaines espèces se composent de feuilles isolées de leur tige ; d'autres, de tiges seulement ; quelques-unes, d'un mélange de feuilles et de tiges ; mais on apporte toujours la plus grande attention à la couleur, à la qualité des feuilles en les choisissant.

Il ne faut pas moins d'une période de trois années pour que la feuille de tabac soit amenée à recevoir sa dernière préparation avant d'être livrée aux consommateurs. Quelques-unes de ces préparations s'accompagnent du dégagement des gaz les plus méphitiques, et il est tout naturel que ces émanations influent défavorablement sur la santé des travailleurs.

Il résulte en effet du rapport de M. Mélier que la fabrication du tabac apporte un changement profond dans la santé d'un certain nombre d'ouvriers, et leur imprime un cachet particulier.

« Il consiste, dit-il, dans une altération spéciale du teint. Ce n'est pas une décoloration, une pâleur ordinaire ; c'est un aspect gris avec quelque chose de terne, une nuance mixte, qui tient de la chlorose et de certaines cachexies. La physionomie en reçoit un caractère propre, auquel un œil exercé pourrait jusqu'à un certain point reconnaître ceux qui ont longtemps travaillé le tabac ; car il faut dire que ces *facies* ne s'observent que chez les anciens de la fabrique, chez ceux qui y ont beaucoup séjourné et qui ont passé par tous les travaux qui s'y font. M. le docteur Hurtaux estime qu'il ne faut pas moins de deux ans pour qu'ils se produisent.

« Nous sommes très-porté à croire qu'il y a eu chez eux à la longue une modification du sang, et que c'est à cette modification, conséquence elle-même de l'action lente et prolongée du tabac, qu'il faut attribuer leur physionomie particulière. Si nos conjectures sont fondées, il doit y avoir une absorption du tabac ou de certains de ses principes, disons le mot, une sorte d'*intoxication*, et par suite les effets que nous avons signalés. »

Il est en effet bien remarquable que les préparations ferrugineuses, excellentes dans l'appauvrissement du sang, rendent aux ouvriers leur coloration première.

V

Blâmé par les uns, loué par les autres, comme la plupart des choses, le tabac a eu ses détracteurs et ses panégyristes. Amurat IV, empereur des Turcs, le czar Michel Federovitz, grand-père de Pierre le Grand, et un roi de Perse en ont défendu l'usage à leurs sujets, sous peine d'être privés de la vie ou d'avoir le nez coupé. Jacques Stuart, roi d'Angleterre, et Simon Paulli ont écrit un traité sur le mauvais usage du tabac. Une bulle d'Urbain VIII excommuniait ceux qui en faisaient usage dans les églises.

Cette croisade formidable qui s'éleva contre le tabac fut moins puissante que l'entraînement qui portait toutes les classes de la société à en faire usage. D'un autre côté, les exagérations de certains médecins, qui attribuaient à cette plante les influences les plus désastreuses, n'avaient aux yeux du peuple aucune valeur; il préférait s'en rapporter aux panégyriques non moins outrés dus à d'autres médecins, qui ne pouvaient assez vanter le tabac et ses merveilleux effets.

Mais nous, plus instruits par la longue expérience que l'on en a faite depuis, nous allons essayer, dans l'intérêt de tous, de résumer succinctement ce que l'observation attentive a pu révéler à la science.

Le principe malfaisant contenu dans le tabac est désigné sous le nom de *nicotine;* c'est un des poisons les plus violents, et sous ce rapport les expériences faites sur les animaux nous montrent qu'il peut être mis au même rang que l'acide prussique.

« Sa violence, dit M. le docteur Mélier, ne peut être comparée qu'à celle de l'acide prussique. Elle produit sur les animaux les phénomènes les plus remarquables, et tue à la dose de quelques gouttes, ainsi que nous nous en sommes assuré par une foule d'expériences[1]. »

M. Cl. Bernard, membre de l'Académie des sciences, a fait également un grand nombre d'expériences qui confirment l'opinion de M. Mélier. Il serait inutile de les rapporter ici, mais nous croyons qu'il n'est pas hors de propos d'en résumer une des principales.

On a fait une petite incision, en dedans de la cuisse gauche, sur un chien de forte taille bien portant. La peau a été soulevée et décollée dans l'étendue de quelques centimètres, en évitant de faire couler le sang; on y a déposé trois petites gouttes de nicotine; l'impression n'a pas paru douloureuse; l'animal ne s'est pas agité au moment du contact.

Au bout de deux minutes, la respiration s'accélère tout à coup, et devient gênée, anxieuse, pénible; les pupilles sont dilatées. Au bout de trois minutes, il se met à tourner sur lui-même, en chancelant comme dans l'ivresse; il s'appuie ensuite contre le mur pour éviter de tomber, et reste calme et immobile, les pattes écartées. Au bout de onze minutes, grande agitation, expression de malaise, tremblement des cuisses, efforts continuels de vomissements qui amènent des mucosités blanchâtres.

---

[1] *Bulletin de l'Académie de médecine*, t. X, p. 569.

Fig. 93. — Belladone (moitié de la grandeur). — A. fleur (grandeur naturelle).

Chaque vomissement paraît être suivi d'un soulage-
ment assez marqué. Enfin, après une heure quinze minutes
environ que la nicotine a été déposée dans la plaie, l'animal se tient debout dans un coin, et semble complétement
remis des souffrances qu'il a éprouvées.

VI

Redi paraît avoir fait les mêmes expériences sur l'effet
du tabac chez les chiens. Il lui suffisait de râper une petite
quantité de feuilles sèches de cette plante, et de les faire
prendre incorporées aux aliments, pour causer des vomissements aux animaux sur lesquels il expérimentait. Il fit
promptement périr des poules en leur passant sous la peau
un fil trempé dans l'huile empyreumatique du tabac. Une
vipère dans la plaie de laquelle on introduisit quelques
gouttes du même produit ne tarda pas à périr dans des
convulsions. Une seule goutte de nicotine introduite dans
la bouche d'une grenouille a suffi pour lui faire exé-
cuter des bonds énergiques et précipités. Après vingt-
cinq secondes, l'animal fut pris de convulsions tétaniques, et une minute s'était à peine écoulée que la mort
arrivait.

On sait que le poëte Santeul mourut pour avoir bu un
verre de vin dans lequel on avait mis du tabac.

M. Marshall Hall, savant physiologiste, cite un jeune
homme qui, après avoir fumé dix-sept pipes coup sur coup,
fut pris de convulsions tétaniques avec dilatation énorme
de la pupille, et faillit mourir dans les convulsions.

Le docteur Helving raconte l'histoire de deux jeunes gens qui, ayant fait le pari de fumer le plus grand nombre de pipes possible, furent pris de convulsions et expirèrent.

Le savant Murray rapporte que trois enfants furent affectés de vomissements, de vertiges, et moururent en vingt-quatre heures, au milieu de convulsions, pour avoir eu la tête frottée avec un onguent de tabac.

Plusieurs journaux ont rapporté, il y a quelques années, qu'un ouvrier s'étant endormi sur un tas de feuilles de tabac à la manufacture de Paris, avait passé promptement du sommeil à la mort.

Toutes les odeurs fortes, même les plus agréables, peuvent produire de terribles effets, à plus forte raison celle du tabac, dont les émanations contiennent un germe vénéneux. Le *Grand Dictionnaire des sciences médicales* cite une jeune fille qui fut frappée de mort pour s'être reposée fort peu de temps sur des sacs de tabac en carottes.

Il est vrai que ces faits ne sont que des exceptions, mais ils servent cependant à faire connaître la force destructive que possède la nicotine.

VII

Si l'on dépose quelques gouttes de nicotine sur des organes possédant des nerfs du sentiment ou sur ces nerfs eux-mêmes, il se produit des douleurs extrêmement vives, qui se manifestent chez l'animal par des cris et des mouvements convulsifs.

Chez l'homme, la nicotine même étendue d'eau, produit une impression douloureuse sur les parties dénudées, telles que les lèvres, la langue et la muqueuse de l'œil.

L'introduction de la nicotine dans le torrent circulatoire se fait avec une rapidité extrême, et une quantité presque impondérable suffit pour occasionner la mort.

Si l'on mêle de la nicotine au sang, le sang devient d'un noir foncé, et se transforme en une masse bilieuse dans laquelle il est difficile de reconnaître des globules du sang primitif.

Lorsqu'un animal a été empoisonné avec de la nicotine, sa respiration devient pénible, irrégulière et anxieuse; les poumons exhalent une forte odeur de cette substance.

L'effet de ce poison sur la moelle épinière est remarquable : les animaux empoisonnés éprouvent des tremblements du corps et des membres; ils se relèvent et retombent sur le ventre ou sur le flanc; ils poussent des cris plaintifs, et leurs convulsions ont quelque chose qui ressemble au tétanos.

Les pulsations du cœur sont fortes et si tumultueuses qu'il est impossible de les compter, les mouvements respiratoires s'arrêtent, et la mort est inévitable.

Si la quantité de nicotine introduite dans le sang n'est pas en rapport avec la grosseur de l'animal pour lui donner la mort, les convulsions cessent peu à peu, et le poison s'échappe par les organes pulmonaires, et probablement aussi par les voies urinaires.

D'après M. Tiedemann, la sensibilité du système nerveux est tellement modifiée par la nicotine, que l'on a pu, chez des animaux empoisonnés par cette substance, tirailler les nerfs qui président au sentiment et au mouvement sans amener de contraction dans les muscles. L'électricité n'aurait plus d'action sur les nerfs dénudés et imbibés de nicotine, tandis que les moyens d'excitation portés directement sur le système musculaire lui-même produiraient cependant des contractions énergiques.

VIII

L'action de la nicotine doit donc être effrayante dans ses effets; et si l'on peut être étonné de quelque chose, ce n'est pas des désordres funestes déjà observés, mais plutôt de l'espèce d'innocuité qu'elle semble avoir sur certains fumeurs.

Nous ne pouvons mieux faire, pour l'édification de nos lecteurs, que de résumer le plus succinctement possible ce que les hommes les plus compétents ont rapporté sur ce narcotique.

Tout le monde sait que ceux qui commencent à fumer éprouvent des nausées, des maux de cœur, des vomissements, etc.; mais en général on s'habitue promptement à l'action du tabac. Cependant, il y a des tempéraments qui ne peuvent jamais le supporter.

Les jeunes fumeurs sont en général pâles et maigres; la nutrition ne s'exerce pas complétement chez eux, surtout lorsqu'ils se mettent à fumer dans les circonstances

les plus nuisibles à leur santé, c'est-à-dire avant ou après
le repas.

L'action périodique exercée sur le système nerveux
par les inhalations du tabac amène des phénomènes d'excitation suivis de dépression. Les grands fumeurs passent
généralement pour être indolents et flegmatiques.

On lit dans un des bulletins trimestriels de l'Association française contre l'abus du tabac l'extrait suivant,
qui présente de l'intérêt. M. le comte de Lautrec, officier
supérieur au siége de Gaëte, écrit : « Je reste persuadé
qu'une grande partie des soldats morts de maladie pendant le siége de Gaëte ont succombé à des affections
causées par le tabac. En entrant dans les casemates, on
se sentait pris d'un malaise général, par suite de l'air
infecté par la fumée du tabac. Les soldats, en quittant les
casemates pour prendre le service dans les batteries,
étaient lourds d'esprit et de corps ; une heure après, alors
qu'ils étaient décimés par le feu de l'ennemi, mais sous
l'influence salutaire du grand air, ils étaient gais et pleins
d'entrain. Ces mêmes hommes, rentrés dans leurs casemates, leur service fini au bout d'une heure, tombaient
dans une grande apathie; ils se mettaient sur leurs lits,
fumaient et devenaient indifférents à tout. Les moins
robustes devenaient la proie du typhus; il fallait les porter
à l'hôpital. Les bonnes sœurs de Saint-Vincent-de-Paul
(elles étaient toutes françaises) étaient tellement persuadées
de cette vérité par expérience (quelques-unes avaient
fait, en partie, la campagne de Crimée) que, pour combattre efficacement les maladies qui faisaient plus de victimes que le canon, elles interdisaient le tabac dans les

hôpitaux; aussi voyait-on bientôt la joie sur la figure des malades, joie provenant uniquement du bien-être que leur procurait un air pur et fortifiant, car les médecins et les remèdes manquaient, et continuellement des bombes venaient achever ces pauvres diables. »

Chez les fumeurs de profession l'appétit ne peut être excité que par des mets de haut goût, et les inflammations chroniques de l'arrière-gorge et des voies respiratoires sont, dit-on, communes chez ces individus.

M. le docteur Morel, dont nous avons consulté l'excellent ouvrage sur les dégénérescences, ajoute avec raison que l'habitude de fumer existe rarement isolée, que les fumeurs se livrent à des libations énormes de bière et même d'alcool, et qu'ils ne semblent éprouver de plaisir qu'à fumer en commun dans l'atmosphère fétide et viciée des tabagies.

IX

Tous les jours on découvre de nouveaux désastres dus à cette plante amère. Dernièrement encore, M. Beau a communiqué à l'Académie des sciences un savant travail dans lequel il fait remarquer que la fumée du tabac est une des causes de l'*angine de poitrine*.

« Il y a en pathologie, dit-il, une maladie fort grave qui s'appelle *angine de poitrine*. Elle vient tout à coup, par attaques qui durent de quelques minutes à une heure, et qui sont caractérisées par un sentiment insupportable d'angoisse à la région du cœur, avec douleur s'irradiant

de là dans tout le thorax et même dans les membres supérieurs.

Fig. 100. — Nicotiane-tabac.

« Le cœur est l'organe affecté dans l'angine de po:-

trine ; le trouble douloureux dont il est le siége va quelquefois jusqu'à suspendre complétement ses mouvements de contraction, et la mort subite survient comme résultat de cette grave lésion fonctionnelle.

« Les causes de l'angine de poitrine sont multiples. Je viens en signaler une dont il n'a pas encore été question : c'est l'usage ou plutôt l'abus du tabac à fumer. »

L'auteur cite ensuite un grand nombre de faits à l'appui de sa thèse ; nous n'en reproduirons que deux :

« Un petit rentier, d'une soixantaine d'années, passe la plus grande partie de la journée à fumer. Depuis un mois environ il éprouve souvent, pendant la nuit, des attaques de palpitation avec oppression et douleur s'irradiant vers les épaules.

. « Il cesse de fumer ; les attaques nocturnes disparaissent complétement, en même temps que les fonctions digestives deviennent meilleures. Au bout de trois mois, il revient à l'usage du tabac, et les attaques se montrent de nouveau. Il met enfin de côté le tabac, et ses attaques d'angine se dissipent pour ne plus revenir. »

« Un diplomate étranger (probablement M. de Cavour), qui fume beaucoup et qui est affaibli, malgré l'apparence de sa belle constitution, est pris dans la soirée, en rentrant dans son hôtel, d'une attaque d'angine avec angoisse : pouls petit, mains glacées, apparence cholérique. Il s'endort à onze heures, et se réveille le matin à son heure accoutumée ; il peut vaquer à toutes les occupations de la matinée. A cinq heures, il était à fumer dans son fauteuil, quand il meurt tout à coup. L'autopsie n'a pas révélé d'autre lésion qu'un état graisseux du cœur. »

X

M. Beau fait remarquer que les conclusions que l'on doit retirer de ces faits, pour admettre que l'abus du tabac donne lieu chez quelques personnes aux symptômes de l'angine de poitrine, sont confirmées par les expériences de M. Bernard sur la nicotine.

En introduisant de la nicotine pure dans le corps de certains animaux, M. Bernard a en effet donné lieu à des phénomènes mortels, qui peuvent être regardés comme semblables aux symptômes de l'angine de poitrine de l'homme.

Cependant, pour que l'angine de poitrine se montre chez les personnes qui usent du tabac, M. Beau admet qu'il faut une réunion de circonstances qui ne se rencontrent que rarement : 1° l'usage excessif du tabac; 2° une susceptibilité particulière de l'individu; 3° des circonstances débilitantes, telles que des chagrins, des fatigues, un affaiblissement des fonctions digestives, etc., qui, empêchant l'organisme d'expulser les résidus du tabac absorbé, en permettent l'accumulation à un degré tel que la nicotine se trouve assez abondante pour produire son action toxique sur le cœur.

Le tabac n'a pas une influence moins funeste sur la vue et la mémoire que sur le cœur et la poitrine. Il n'y a pas très-longtemps, dans une communication à la Société médico-pratique de Paris, Sichel disait qu'il avait acquis la conviction que peu de personnes peuvent consommer pendant un temps considérable plus de 20 grammes de tabac à fumer par jour, sans que leur vision et souvent même leur mémoire s'affaiblissent. Il a vu, entre autres, un homme d'une quarantaine d'années devenu complétement aveugle par le seul abus du tabac, et qui a été entièrement, radicalement guéri par un traitement très-modéré et par la cessation de cet abus.

L'abus du tabac produit donc une amaurose cérébrale, comme l'abus des spiritueux : dans les deux espèces, la mémoire est souvent affaiblie.

L'amaurose causée par les spiritueux est ordinairement accompagnée d'un tremblement que le malade éprouve le matin dans les mains, tant qu'il est à jeun, véritable commencement de *delirium tremens,* ainsi que, à une période un peu plus avancée, de vomissements de matières muqueuses, bilieuses ou acides, survenant également le matin.

Ces deux espèces d'amauroses, toutes les deux fort lentes dans leur marche vers la guérison et très-réfractaires au traitement, comme toutes les affections causées par une mauvaise habitude invétérée et difficile à extirper, s'observent isolément, mais elles sont assez souvent réunies. Il n'est pas aisé alors de décider le rôle que chacun des agents producteurs, les alcooliques ou le tabac, joue dans leur production. Sichel cite un cas de guérison d'une de ces doubles maladies obtenu très-promptement. Il n'est pas nécessaire de dire que le principal remède à apporter à ces déplorables affections est le changement de manière de vivre.

XI

Plusieurs auteurs estimés prétendent que l'abus du tabac est loin d'être sans influence sur le développement des affections mentales compliquées de paralysie générale. Cette opinion est, entre autres, celle de MM. Guislain et Agen, médecins aliénistes.

Il est certainement bien probable qu'il se trouve des natures d'élite qui seraient peut-être poëtes comme Homère, éloquentes comme Bossuet, profondes comme Pascal, qui tombent dans la vulgarité du commun des mortels grâce à ce narcotique qui produit de si tristes effets.

« Le cigare et la pipe, dit M. Véron dans ses *Mémoires,* ont sur notre économie une influence que l'on ne peut contester.

« L'habitude du cigare en crée le besoin; il en est du cigare comme de l'opium, comme du vin, comme de l'eau-de-vie, comme de l'absinthe, pris en grande quantité. Celui qui mange de l'opium ne peut plus s'en passer, de même que l'ivrogne ne peut se guérir de ses excès de vin, d'absinthe et d'eau-de-vie. Je conclus de ce fait que le cigare exerce une action vive et profonde sur tout l'appareil digestif et, plus encore, sur tout le système nerveux. Cette action puissante ne peut être que délétère. Les digestions ne peuvent plus s'accomplir qu'à l'aide de cet excitant; l'usage du tabac produit certainement sur le système nerveux des organes des sens, sur le système nerveux des fonctions organiques, une excitation suivie bientôt d'affaiblissement et d'adynamie.

« Il est certain que les maladies de la moelle épinière sont aujourd'hui plus fréquentes que jamais. Royer-Collard, qui a succombé à cette maladie et qui fumait beaucoup, n'innocentait pas le cigare du mal dont il souffrait. Le comte d'Orsay mourut aussi d'une maladie de la moelle épinière. Cette mort causa sur un grand personnage de ses amis une vive impression. Le docteur Bretonneau (de Tours) fut appelé. Ce grand personnage se plaignait de fatigue dans les membres : « Vous devez fumer « douze ou quinze cigares par jour, lui dit-il; fumez « moins, abstenez-vous, si vous le pouvez encore, de la « pernicieuse habitude du cigare, et vous ferez cesser « tout cet ensemble de symptômes de faiblesse et d'éner-« vation. »

« L'habitude du cigare, si universellement répandue en France et contractée parmi nous dès l'enfance, modifiera assurément, dans l'espace d'un certain nombre d'années, la race, le caractère et l'esprit français. C'est d'ailleurs un trait qui révèle les penchants des temps nouveaux, que cette passion insensée dont nous nous sommes pris pour le cigare; le désir de jouissances nouvelles nous pousse aujourd'hui, hommes et femmes, à tous les ridicules et à tous les excès. »

XII

Dans un article anonyme, mais très-judicieux, la *Gazette des hôpitaux* faisait remarquer que lors même que le tabac pris à petite dose ne semblerait pas avoir d'effet délétère immédiat, il ne répugnerait pas cependant de soupçonner qu'il pourrait bien à la longue produire sur l'économie, sur les fonctions organiques ou intellectuelles, ou même seulement sur le caractère, tel effet spécial qu'il serait peut-être difficile de préciser et surtout de démontrer pour le moment, mais sur lequel il est bon d'attirer l'attention des observateurs. On étudie bien sur l'économie l'action de l'air, des eaux dont on subit longtemps l'influence, sans se douter des effets qu'ils sont capables de produire avec le temps; pourquoi n'étudierait-on pas de même les effets de la fumée du tabac, cette atmosphère toute particulière que se fabriquent à plaisir et où vivent pendant de longues heures les fumeurs de profession?

Il est tout naturel de soupçonner qu'une substance narcotique de sa nature, un diminutif de l'opium, puisse agir lentement sur l'intelligence et l'engourdir d'une manière en quelque sorte chronique, bien qu'elle paraisse la stimuler passagèrement, comme l'affirment les fumeurs. La preuve serait certainement difficile à donner, soit parce qu'un grand nombre de fumeurs sont doués d'une intelligence native supérieure, soit parce que le changement arrive peu à peu et sans que l'individu s'en aperçoive. Mais il paraît impossible d'user habituellement d'une substance qui est incontestablement un des poisons les plus violents que connaisse la chimie, sans que de graves désordres dans la santé de l'individu en soient la suite.

« J'ai souvent observé chez les fumeurs, continue l'auteur de l'article anonyme dont nous avons parlé, une tendance habituelle à la flânerie, à l'oisiveté, à la mollesse, à l'apathie, et même trop souvent à l'égoïsme, au sans-gêne, à la grossièreté. C'est au sein ou au sortir de l'atmosphère nébuleuse des estaminets que l'on peut étudier à son aise le type de ces dispositions morales, ou bien encore sur certaines voies publiques, où cette mauvaise habitude sociale généralisée est passée à l'état de mode. C'est là que l'on peut journellement observer de ces égoïstes inqualifiables qui semblent avoir perdu dans la jouissance de leur idole le plus vulgaire sentiment des convenances, et n'ont pas honte de laisser tomber sur les passants leurs bouffées de tabac, le résidu de leur pipe, leur allumette enflammée ou le bout encore fumant de leur cigare.

« Sans doute, il y a de nombreuses et honorables exceptions; Dieu merci! tous les fumeurs ne sont pas de la sorte, car le bon esprit, l'éducation compensent et corrigent jusqu'à un certain point l'influence de l'habitude en question; mais c'est un type qui frappe et dont il existe bien des degrés... Cependant il faut avouer que ces allures, que l'on ne saurait trop qualifier, coïncident bien souvent avec la vie du fumeur, et sans vouloir distinguer absolument la cause de l'effet, on se trouve invinciblement entraîné à admettre entre ces deux termes un rapport intime.

« Si le tabac à fumer continue à se vulgariser indéfiniment dans nos sociétés modernes, j'ai peur que, d'autres causes aidant, le caractère français, jadis si courtois, n'ait pas beaucoup à y gagner. Je crains bien, pour dire toute ma pensée, que le tabac ne soit, à l'intensité près, pour les peuples de l'Occident, ce qu'est l'opium pour les Orientaux, c'est-à-dire un symbole, un symptôme alarmant, sinon une cause efficiente de décadence et de dégradation morale. »

XIII

Le dialogue rétrospectif imaginé si spirituellement par M. Alphonse Karr trouve naturellement sa place ici.

« Représentez-vous, il y a trois cents ans, au moment où l'ambassadeur Nicot allait apporter en France, en 1559, le premier spécimen de tabac, pour l'offrir à Catherine de Médicis; représentez-vous un homme qui aurait demandé audience au cardinal de Lorraine et lui aurait dit :

« — Monseigneur, les finances de l'État doivent être dans une situation assez piètre, etc... Je viens vous proposer l'établissement d'un impôt qui, sans oppression et sans faire élever la moindre plainte, fera entrer dans vos coffres, dans un temps donné, aux environs d'une centaine de millions. Impôt volontaire, auquel personne ne sera astreint et auquel tout le monde contribuera.

« — Voyons votre projet, aurait dit le cardinal de Lorraine.

« — Le voici, monseigneur : il s'agirait pour l'État de

Fig. 101. — Tabac rustique.

se réserver le privilége exclusif de vendre une herbe que

l'on réduirait en poudre et que l'on se fourrerait dans le nez. On pourrait également laisser cette herbe en feuille et la mâcher, ou encore la brûler et en aspirer la fumée.

« Si, par hasard, le cardinal avait écouté jusqu'au bout, il aurait dit :

« — C'est donc un parfum plus délicieux que l'ambre, la civette, la rose?

« — Non, aurait répondu le postulant, ça sent, au contraire, assez mauvais.

« — C'est donc une panacée, une thériaque, un orviétan ayant des propriétés merveilleuses, et disputant l'homme à la destinée du trépas?

« — Non; l'habitude de respirer cette herbe en poudre diminue la mémoire et détruit la finesse de l'odorat; elle cause des vertiges et a produit quelques exemples de cécité et surtout d'apoplexie.

« Mâchée, cette herbe rend l'haleine infecte et cause de terribles désordres dans l'estomac.

« Quand on en aspire la fumée, c'est une autre affaire; les premières fois que l'on en essayera l'usage, on aura des maux de cœur, des nausées, des vertiges, des coliques, des sueurs froides; mais avec le temps on s'y habituera au point de n'éprouver plus ces symptômes que de temps à autre, et seulement quand on fumera de mauvais tabac ou du tabac trop fort, ou quand on sera mal disposé, les uns lorsqu'ils auront mangé et les autres quand ils n'auront pas mangé, et dans cinq ou six autres cas.

« Les ouvriers employés à cette fabrication sont maigres, ont le teint hâve, sont sujets aux coliques, aux vo-

missements, à la céphalalgie, au vertige, au tremblement musculaire, et aux affections aiguës et chroniques
de la poitrine, etc.

« — Mais c'est un poison, cette herbe-là, aurait dit le
cardinal de Lorraine, en admettant toujours qu'il aurait
écouté l'homme au delà de sa première phrase.

« — Un des plus actifs connus, aurait-il été répondu.

« — Et alors, combien croyez-vous qu'il y ait d'imbé-
ciles et de fous qui consentiraient à fumer cette herbe
ou à s'en fourrer la poudre dans le nez?

« — Il y en aura un jour plus de trente millions, monseigneur.

« Le cardinal de Lorraine l'eût fait jeter à la porte ou
l'eût fait enfermer comme fou, quoique le cardinal de Lorraine ne fût pas ennemi des projets hardis.

« Eh bien! le cardinal de Lorraine se fût trompé; les
Français aujourd'hui brûlent, aspirent, mâchent et se
fourrent dans le nez vingt-huit millions de kilogrammes
de tabac; etc. »

Ce serait certainement trop exiger que de demander à
ceux qui font usage du tabac depuis longtemps de cesser
d'en prendre; on ne quitte pas une habitude de même
qu'on la prend, surtout une habitude facile à satisfaire;
mais au moins ceux qui ne fument pas ou qui ne commencent à fumer que pour faire comme les autres, et par
vanité juvénile, devraient-ils sérieusement réfléchir avant
de se livrer à une habitude qui peut parsemer leur vie de
douleurs et d'angoisses physiques et morales, qu'ils légue-
ront comme un funeste héritage à leurs descendants.

Les parents surtout devraient se méfier de leur aveugle

tendresse. L'autre jour, à la fin d'un repas, un père faisait une cigarette à son fils qui n'avait pas douze ans.

« Plus tard, lui dit-il, si je suis content de toi, tu fumeras le cigare ; d'ailleurs, il faut bien t'habituer peu à peu. » On devrait pour ainsi dire mettre dans le catéchisme, que les parents enseignent à leurs enfants les funestes effets du tabac, afin que ni les uns ni les autres n'ignorent quelle est la folie de ceux qui se font violence, au point de se rendre malades, pour prendre une habitude dont le cortége est si funèbre.

XIV

Nous avons intimement connu un excellent homme, chimiste ingénieux, explorateur intrépide de contrées peu connues, M. Cochet, qui le premier a fait connaître au Pérou tout le parti qu'il pouvait tirer du guano. La presse parisienne s'occupait beaucoup de lui lorsque la mort est venue le ravir à ses nombreux amis.

Voici une scène de voyage inédite des plus intéressantes, et qui a rapport au sujet qui nous occupe ; M. Cochet a bien voulu pour nous la détacher de ses notes. Elle est propre à faire voir toute la violence du poison que renferme le tabac, puisqu'au dire de l'auteur il peut combattre et dominer les venins les plus puissants.

Nous laissons certainement à M. Cochet toute la responsabilité de ses assertions ; mais ceux qui l'ont connu savent que l'on peut avoir une entière confiance dans l'expérience de cet homme honnête et consciencieux.

« Je viens, dit-il, offrir au public un antidote qui est à la portée de tout le monde, et qui est aussi simple qu'efficace pour guérir radicalement le charbon et la piqûre de toute espèce d'insecte et de serpent venimeux, même celle du serpent à sonnettes, qui est la plus redoutable.

« Voici ce qui est en usage parmi les sauvages que j'ai visités :

« Quand une personne est piquée par un insecte ou un reptile venimeux, elle s'empresse de mettre dans sa bouche la valeur d'une bonne chique de tabac à fumer ou à chiquer : elle le mâche, en avale le jus et met le résidu sur la plaie.

« Tel est le célèbre remède des sauvages qui parcourent sans vêtements, ou avec un simple pagne ou une chemise d'écorce d'arbre, les forêts vierges qui fourmillent de serpents et d'insectes venimeux de toutes espèces. C'est dans ces forêts que l'on rencontre les énormes fourmis noires, les araignées grosses comme la main, dont la piqûre est aussi dangereuse que celle du serpent le plus venimeux, et que le sauvage craint plus que le tigre ; car le tigre rugit à son approche, il donne l'éveil et le temps de préparer l'arc et de lancer la flèche d'une main sûre, mais l'insecte venimeux ne se révèle que par sa piqûre.

« Les personnes qui s'occupent spécialement de science pourraient sans doute mieux que moi expliquer de quelle manière agit le tabac dans ces circonstances ; cependant je ferai connaître mon opinion à cet égard.

« La morsure d'une bête venimeuse inocule dans le sang un levain ou agent de la fermentation putride, qui le décompose plus ou moins vite, suivant les circonstances.

« Le malade sent de suite un malaise dans tout l'organisme, et il succombe si on ne neutralise pas immédiatement cet agent de fermentation putride. Jusqu'à ce jour
on a employé l'alcali volatil, mais j'ai la conviction que le
tabac a des propriétés plus promptes et plus radicales;
pris à l'intérieur, ses principes s'introduisent dans le sang
et neutralisent promptement le ferment.

« Pour appuyer mon assertion, je crois qu'il est utile
de faire brièvement le récit du voyage que j'ai exécuté
chez les sauvages où j'ai puisé cette découverte.

« En 1827, j'étais à Cochabamba, ville principale de la
Bolivie (Haut-Pérou), située à peu de distance du pied
des Cordillères. J'avais un désir ardent de visiter les sauvages de Moxos et les Chiquitos, et pour cela j'étais obligé
de passer chez des peuplades de vrais sauvages, hommes
libres, indépendants et indomptables, appelés Cirianosos,
qui habitent les versants orientaux des Andes, sillonnés
par de nombreuses rivières dont les affluents forment
l'Amazone.

« A Cochabamba, je fis emplette, pour deux mille pias-
tres, de grains de verre, de rubans, de couteaux, de haches, etc., etc., qui servent de monnaie dans ces pays,
et malgré les supplications de mes amis, entre autres
du général Lopez, préfet de Cochabamba, de M. Agapita
Acha, dont le fils est maintenant président de la République, qui craignaient pour ma vie, j'entrepris mon voyage
avec un personnel composé de trois hommes de confiance,
et des muletiers qui devaient porter mon bagage à un
petit village qui venait d'être incendié, à Ollobolo, près
de la rivière de ce nom.

Fig. 102. — Les Indiens avaient une petite gourde remplie de tabac, pendue à leur
cou (p. 304).

« Le lendemain, mon interprète fit une excursion dans les cabanes des Yuracares, qu'il connaissait, et qui étaient à quelques lieues de distance, dans la forêt. Je lui ordonnai de leur dire que je ne venais pas leur faire la guerre, mais leur apporter des couteaux, des haches, des ornements, etc.

« Mon interprète trouva les indigènes parfaitement disposés à mon égard, et vint me dire que le cacique, chef des Yuracares, était à quelques lieues de distance avec tout son monde; qu'il défrichait un grand espace de forêt pour construire un autre village, que je pouvais y aller avec confiance, que je serais bien reçu.

« Le lendemain, je me dirigeai vers eux, accompagné de mes deux domestiques et de mon interprète; nous étions munis de bonnes carabines, de poignards et de pistolets, que nous cachions sous nos ponchos, espèce de manteaux.

« Près du nouveau village, nous gravîmes une butte rapide, de près de 400 mètres; j'entendais les hurlements des sauvages. Arrivé au sommet de la butte, un spectacle étrange se présente à mes yeux; une centaine de sauvages, l'arc en main et les flèches braquées sur moi, s'étaient fait un rempart d'un rang de femmes et d'un rang de petits enfants; je me crus perdu et sacrifié par mon interprète, quand tout à coup les sauvages plantèrent leurs flèches en terre : un homme superbe, qui paraissait être un héraut d'armes, sortit des rangs, me tendant les bras, en me disant dans son idiome : « N'aie pas peur, nous ne te ferons pas de mal. » Son langage était accompagné de gestes qui auraient défié Talma et nos plus habiles artistes.

« Bientôt je fus admis au milieu d'eux comme au milieu de ma famille; le cacique me fit cadeau d'un vêtement du pays, que j'endossai; et je leur donnai de mon côté des présents, qui m'attirèrent toute leur bienveillance et toute leur amitié.

« Je les accompagnai à la pêche et à la chasse; mais au moment de nous mettre en marche, j'observai que tous mes Indiens avaient une petite gourde pendue à leur cou, en forme de scapulaire. Je demandai à mon interprète ce qu'elle contenait. Il me répondit que c'était du tabac, remède infaillible contre la piqûre des serpents et de tous les insectes venimeux; que sans cela ils n'oseraient pas voyager dans les forêts; qu'ils regardaient le tabac comme leur sauveur. Ils ont tant de confiance dans ses propriétés, qu'ils l'adorent un jour de l'année avec de pompeuses cérémonies.

« Lorsque l'époque de l'adoration est arrivée, ils construisent, dans l'endroit le plus obscur de la forêt, une cabane en forme de rotonde, ornée de fleurs et de plumes ravissantes que fournissent les oiseaux aux mille nuances qui habitent ces régions. Au pied de la colonne du milieu qui soutient la rotonde, est placée une corbeille richement ornée renfermant un rouleau de tabac. Tous les sauvages sont autour de la rotonde, gardant le plus profond silence; chacun d'eux entre à son tour pour se prosterner et l'adorer.

« En quittant mes bons sauvages, après être resté parmi eux plusieurs années, le premier village civilisé que j'atteignis fut Appolobamba, capitale de la province de ce même nom. C'est là que se produit le meilleur quin-

quina. Je m'empressai de me présenter aux autorités,
qui étaient le gouverneur et le curé; mais quand ces mes-
sieurs virent mon personnel, se composant de mes deux
domestiques et d'une vingtaine de sauvages portant
mon bagage, ils m'accablèrent de questions; je ne pus
leur persuader que j'avais traversé les vastes forêts d'où
ils n'avaient jamais vu sortir d'hommes civilisés.

« Je congédiai mes sauvages, en les payant généreu-
sement avec des couteaux, des haches, etc., et je priai le
gouverneur de me donner un passe-port pour la Paz, capitale de la république. »

Ce récit vient à l'appui de l'opinion de ceux qui vou-
draient que le tabac fût regardé purement comme substance pharmaceutique, et employé comme remède seulement.

Fig. 103. — Phlox à feuilles subulées.

20

LE THÉ.

I

Le *thé* est un arbuste qui croît de temps immémorial à la Chine et au Japon, où il s'élève à la hauteur de 1 à 2 mètres.

Ses tiges se divisent en un grand nombre de rameaux diffus ; ses feuilles, très-semblables à celles du camellia, sont longues de 5 à 6 centimètres environ, et larges de 2 à 3 centimètres.

Ses fleurs sont de couleur blanche et ont à peu près 3 centimètres de diamètre ; elles naissent dans les aisselles des feuilles, tantôt solitaires et tantôt réunies plusieurs ensemble ; leurs pédoncules sont plus ou moins allongés.

Le fruit est une petite graine huileuse, d'une saveur amère et désagréable.

Darma, fils d'un monarque des Indes, disent les Chinois, s'était voué à une profonde solitude. Il avait coutume de méditer dans un jardin jusqu'à la naissance du jour. Une nuit, près de succomber au sommeil, il s'arracha les paupières et les jeta à terre, où elles prirent racine et produisirent la plante qui porte le thé.

Cet arbrisseau est toujours vert; il se plaît dans les plaines basses, sur les collines et le revers des montagnes qui jouissent d'une température douce.

Le meilleur thé du Japon croît dans les environs de la petite ville d'Ursi, située dans le voisinage de la mer. Là se trouve une montagne célèbre, employée tout entière à la culture du thé dont l'empereur fait usage.

Cette montagne, qui offre un aspect riant et.pittoresque, est entourée d'un large fossé, pour que tout accès en soit interdit aux hommes et aux animaux. Les plantations y sont soignées; tous les jours on lave et on nettoie les arbrisseaux.

Pendant la récolte, les hommes qui en sont chargés se baignent deux ou trois fois le jour, et, de crainte de les salir, ils ne cueillent les feuilles que les mains enveloppées de gants. Après qu'elles ont été torréfiées et bien préparées, on les enferme dans des vases précieux, et on les porte ensuite en grande pompe au palais de l'empereur.

Lorsque les jeunes plants obtenus de semis ont atteint l'âge de trois ans, on peut en cueillir les feuilles. A sept ans, ils n'en produisent plus qu'une petite quantité; alors on recèpe le tronc qui repousse du pied et donne bientôt de nouvelles récoltes.

La première récolte du thé, à la Chine ou au Japon, a lieu vers la fin du mois de février ; c'est la plus recherchée. Les feuilles, à peine développées, sont petites, tendres et les meilleures de toutes ; elles portent le nom de *thé im-*

Fig. 104. — Ensemencement du thé.

périal, parce qu'elles sont réservées presque exclusivement à la consommation des grands de l'empire.

La seconde récolte se fait vers les premiers jours d'avril. Parmi les feuilles qui la composent, une quantité considérable n'ont pas encore toute leur crue; on les sépare des grandes, et l'on en fait une classe à part; elles sont aussi recherchées que celles de la première récolte. La troisième récolte, qui se fait au mois de mai, est la dernière et la plus abondante, mais la moins estimée.

La préparation des feuilles de thé consiste à mettre à la fois quelques livres de feuilles nouvellement cueillies dans une espèce de poêle de fer mince, large, peu profonde, et chauffée au moyen d'un fourneau destiné à cet usage.

On agite les feuilles et on les retourne rapidement avec les mains pour qu'elles se torréfient le plus également qu'il est possible, et l'on continue jusqu'à ce qu'elles fassent entendre un petit craquement sur la plaque de fer.

La chaleur, en les dépouillant d'une partie de leur suc, leur fait perdre la qualité endormante et nuisible qu'elles ont naturellement. On les torréfie lorsqu'elles sont encore très-fraîches, car si on les conservait quelques jours, elles noirciraient et perdraient de leur prix.

En Chine, on trempe les feuilles dans de l'eau bouillante pendant une demi-minute avant de les rôtir. Quand elles sont convenablement rôties, on les ôte de la poêle avec une spatule de bois, on les distribue à des personnes chargées spécialement du soin de les rouler.

On les roule rapidement, et d'un mouvement uniforme, avec la paume des mains, sur des table recouvertes de tapis tissus de brins de jonc très-déliés. La compression légère qu'elles éprouvent alors en exprime un suc d'un jaune verdâtre, qui occasionne aux mains une ardeur presque insupportable. On continue l'opération jusqu'à ce que les feuilles soient refroidies, car elles ne se roulent que lorsqu'elles sont chaudes; et pour qu'elles ne se déroulent pas il est essentiel qu'elles se refroidissent sous les mains. Plus le refroidissement est rapide, mieux elles restent roulées; on le hâte même en agitant l'air avec une sorte d'éventail; mais quelque soin que l'on prenne, il y en a toujours un certain nombre qui se déroulent.

Lorsque le thé a perdu toute son humidité, on le retire dans des vases bien clos, qui le mettent entièrement à l'abri de l'air; autrement, il ne se conserverait pas. Les Japonais le renferment dans dés vases d'étain laminé, et lorsque ces vases sont d'une grande capacité, on les met dans des caisses de sapin, et l'on bouche avec du papier les fentes de ces caisses. Les thés de première qualité sont mis dans des vases de porcelaine.

Les thés du commerce se divisent en deux groupes qui paraissent ne différer que par les procédés de fabrication : les *thés verts*, simplement desséchés, et le plus souvent colorés au moyen d'une poudre faite avec du plâtre et de l'indigo; ils sont plus astringents et plus aromatiques; et les *thés noirs*, qui ont une couleur brune, due sans doute à ce qu'on leur fait subir une sorte de fermentation; ils sont plus doux.

II

Chose curieuse ! c'est en Chine que les Européens prennent le plus mauvais thé chinois, et c'est en Europe que les Chinois prennent le meilleur thé de leur pays.

Ce qui semble un paradoxe peut être facile à comprendre.

On fait la récolte du thé : le premier et le second choix, tout ce qui est passable enfin, est mis de côté et empaqueté pour l'exportation, on n'en réserve qu'une faible quantité pour les grands de la nation. Les poussières et les résidus de tous genres sont les seules parties qui entrent dans le commerce ordinaire de la Chine.

Il en est de même de toutes les épices précieuses dans les pays qui les produisent. Tout ce qui est beau et susceptible d'exportation est réservé pour le commerce au long cours. Ainsi, dans les pays qui produisent la vanille, on ne se sert guère dans les ménages, dans les familles, dans les établissements publics, que des débris et des gousses brisées. J'étais à l'île de la Réunion avec des officiers de marine qui retournaient de leur campagne de Chine en France. Leur rêve était de porter à leurs amis quelques paquets de la feuille précieuse dont ils venaient de visiter la patrie. Mais quel ne fut pas leur étonnement de ne trouver dans tous les magasins de détail que le thé le plus médiocre et des qualités que l'on mépriserait en France ! Ils n'auraient pu se procurer du thé supérieur qu'avec infiniment de peine et en le payant beaucoup plus cher qu'en Europe, car les magasins d'exportation se soucient fort peu des petites ventes. Ils se consolèrent facilement : « Nous irons, dirent-ils, faire nos emplettes dans nos brillants magasins de Paris ; nous n'aurons pas de peine à faire croire que la feuille chinoise a traversé les mers avec nous, et notre but sera atteint. »

Que de voyageurs ont acheté leurs chinoiseries à Paris à meilleur compte et plus facilement qu'ils n'auraient pu le faire en Chine! Grâce à d'heureuses illusions et à un petit mensonge peut-être innocent, les amis conservent et révèrent ces objets comme des reliques et des souvenirs de longs voyages. Cependant ce petit mensonge froisse instinctivement : les choses de sentiment surtout doivent être à l'abri de tout soupçon.

Voici quelques passages d'une traduction anglaise que publie la Société d'encouragement, qui donneront une idée du point auquel les Chinois portent l'esprit d'économie dans le parti qu'ils peuvent tirer du thé.

On désigne, dans le commerce de l'Asie, sous les noms de *brick-tea* et *seald-tea* une matière étrange, véritable composé obtenu en mélangeant les mauvaises feuilles et les tiges de l'arbre à thé avec quelques autres plantes sauvages et du sang de bœuf ou de mouton séché à l'étuve. Chaque brique ou paquet pèse environ 1 kilogramme et demi, et la matière a été tellement comprimée, qu'il ne faut rien moins qu'un marteau ou un ciseau pour la briser.

A Irkustk, où l'on fait une imitation de ce produit, on a substitué aux plantes sauvages dont nous venons de parler des feuilles d'orme, de prunier et autres. Préparée en infusion, cette matière fournit une liqueur épaisse,

Fig. 105. — Port d'un arbrisseau à thé.

foncée, colorée en rouge, amère et d'un goût désagréable.

A la surface nage une substance grasse, visqueuse; suivant les Chinois, cette substance n'a rien de mauvais, et elle est nécessaire pour maintenir solidement entre elles les tiges de thé dans le paquet.

Les feuilles de cette sorte de thé sont vieilles, dures comme du cuir et mélangées souvent en quantité considérable avec les tiges et les branches. Les variétés les plus communes des thés en briques sont vendues dans des peaux de mouton; les plus friables sont empaquetées dans des papiers, et les paquets cachetés. Les Tartares et les Thibétains l'emploient pour faire la soupe avec de la farine de seigle, du lait, de la graisse de mouton et du sel.

Le *lie-tea* est le produit du balayage des ateliers chinois où l'on empaquette le thé; il est formé de feuilles brisées, endommagées, de poussières de toutes provenances, mélangées avec de l'eau-de-vie ou du sérum provenant du sang d'animaux; ainsi réuni, il est mis sous la forme de grains.

Une autre variété ayant la même origine, et désignée sous les noms impropres de *little-tea*, *tea-endings*, *tea-houes*, est importée en différentes quantités, dans le but de falsifier les thés fins et de bonne qualité. Ces produits s'obtiennent en recueillant la poussière qui passe à travers les tamis sur lesquels on agite les thés noirs ou verts pour leur donner une grosseur uniforme. On envoie aux États-Unis des millions de livres de thé altéré, moisi, et même de thé ayant déjà subi une première infusion. Inutile de dire que le peuple chinois savoure avec délices les infusions de ces compositions dégoûtantes!

III

M. Schnepp a lu un mémoire à l'Académie des sciences, dans lequel il fait remarquer que, dans tous les pays de l'Amérique méridionale situés au sud de l'équateur, est répandu l'usage d'un thé que les Indiens appellent *coa*, ce qui signifie *feuille*, *herbe*, d'où les Espagnols ont fait *yerba*.

L'arbrisseau qui produit ce thé a l'écorce lisse et d'un vert clair; ses branches sont droites et dirigées verticalement vers le ciel; elles supportent des feuilles alternes semblables à celles de l'oranger. Il faut trois ans à ces feuilles pour arriver à une bonne maturité. Aussi leur récolte pour la fabrication du thé ne se fait-elle dans une même exploitation que de trois en trois ans.

La quantité d'herbe fournie par chaque ouvrier est posée au siège de l'exploitation, et mise en tas jusqu'au moment de la torréfaction. Cette opération se fait en étendant la yerba sur un appareil à claire-voie que l'on appelle *barbacoa*, largement ouvert d'avant en arrière, et qui peut supporter jusqu'à 1,600 kilogrammes d'herbe fraîche. On y fait ensuite un feu avec du bois vert; des ouvriers habiles le dirigent, tournent et retournent les branches à mesure qu'elles se sèchent sous l'action de la fumée et de la flamme. La torréfaction est complète en douze ou quinze heures. Alors le feu est retiré de la barbacoa, dont le sol est en terre glaise bien unie et balayée avec soin; la yerba est étendue sur cette surface encore chaude, puis des ouvriers, armés d'espèces de grands sabres de bois, la battent, la brisent, jusqu'à ce que branches et feuilles soient réduites en poussière.

Quand elle est refroidie, cette poussière est recueillie et portée dans un magasin où on l'entasse, on la couvre de peaux sèches et on la charge de poids. Ainsi tassée, la yerba passe par un certain degré de fermentation qui y développe plus d'arome. C'est cette poussière grossière, mêlée de petits fragments de branches et de couleur vert foncé, qui constitue la yerba maté, ou thé du Paraguay. On la livre au commerce dans des sacs en peau appelés *surons* ou *tercios*.

L'usage de ce thé est tellement répandu dans l'Amérique méridionale, que le Paraguay seul en exporte chaque année environ trois millions de kilog., proportion qui augmenterait considérablement si, au lieu d'être un monopole pour l'État, ce thé pouvait être librement fabriqué et vendu de même, après avoir acquitté un simple droit.

IV

On trouve dans le thé, par l'analyse chimique, du tannin, une huile volatile, de la cire et de la résine, de la gomme, une matière extractive, des substances azotées analogues à l'albumine, quelques sels et un alcaloïde qu'on a appelé *théine*, qui est identique à la caféine.

Il est indispensable d'apporter des soins à l'infusion du thé pour obtenir toute la saveur de cette feuille, dont l'arome est si subtil et si délicat que le goût naturel peut en être altéré, soit par l'eau plus ou moins pure, soit par un degré plus ou moins élevé de chaleur.

Pour faire cette infusion selon la prescription magistrale, on verse de l'eau bouillante dans la théière pour l'échauder, on renverse ensuite cette eau dans les tasses pour le même motif, on égoutte la théière, et on y met le thé.

Quand l'eau est bouillante, on verse jusqu'à moitié du vase environ, de manière à couvrir entièrement les feuilles. On referme la théière et on laisse infuser six à huit minutes, au bout desquelles on ajoute l'eau nécessaire pour le nombre de tasses que l'on veut faire, et on laisse encore infuser deux minutes.

Lorsqu'on veut servir consécutivement plusieurs tasses de thé, il faut avoir soin de ne vider la théière qu'à moitié et de la remplir d'eau immédiatement; au bout de quelques instants, le thé destiné au second tour achève de s'infuser, et donne une liqueur égale en force et en goût aux premières tasses.

Le thé préparé avec de l'eau chaude au-dessous du degré d'ébullition ne se déroule point, et ne donne qu'une infusion pâle et sans saveur; mais il faut avoir soin de verser l'eau aussitôt qu'elle est arrivée à son plus haut degré d'ébullition, car si elle séjournait plus longtemps sur le feu, elle risquerait de prendre un goût terreux et fade, qui se communiquerait à l'infusion. La bonne qualité de l'eau est une condition essentielle pour faire de bon thé; la plus pure et la plus douce est la meilleure.

Le vase dont on se sert pour la faire bouillir doit être exclusivement consacré à cet usage; dans plusieurs cuisines, on prend indistinctement les mêmes bouil-

loires pour les décoctions de tilleul, de graine de lin,
de camomille, etc. Ces substances laissent après elles

Fig. 106. — Thé. La fleur. Le fruit.

un mélange d'odeurs dont le thé est susceptible de s'im-
prégner.

L'excessive propreté que les Chinois apportent dans la manipulation démontre assez combien cette plante s'empare facilement des moindres odeurs. Les amateurs doivent donc avoir soin d'éviter de mettre leur thé dans un endroit qui contiendrait des objets odoriférants, de quelque nature qu'ils puissent être.

Les boîtes les plus propres à conserver le thé sont en plomb ou en fer-blanc ; mais avant de faire usage de ces dernières il est bon, afin de leur ôter l'odeur que leur donne la térébenthine dont on se sert pour les souder, d'y faire infuser du thé.

V

Le thé a été placé, dans l'histoire hygiénique et médicale de l'homme, à côté du café. Comme tous les aliments, cette substance a de bonnes et de mauvaises propriétés, suivant la quantité que l'on en consomme et la nature des organisations.

Le thé noir et le thé vert, comme nous l'avons fait remarquer, procèdent d'un seul et même arbre ; la manipulation de la feuille imprime la différence de couleur ; cependant le thé noir est beaucoup plus faible que le thé vert.

Tout le monde connaît l'influence des boissons chaudes, de celles même qui ne contiennent aucun principe excitant spécial ; chez l'homme affaibli par des causes déprimantes, telles que la diète, le froid, les passions tristes, elles donnent un sentiment de force et une aptitude plus grande aux mouvements de la vie organique et animale ;

elles produisent immédiatement une énergie nouvelle, caractérisée par l'accélération du pouls, une sorte de fièvre que termine souvent une sueur critique. Mais cette excitation dure très-peu de temps ; après quelques minutes, un quart d'heure, une demi-heure, elle cesse, et l'homme tombe dans un abattement plus grand qu'auparavant.

Ce phénomène tient à ce que le calorique, seul agent de stimulation dans ces boissons, ne peut causer dans l'économie qu'une surexcitation momentanée.

Lorsque nous prenons une infusion chaude de thé, nous éprouvons d'abord la même influence que celle que produisent les boissons quelconques, qui cèdent du calorique à l'économie ; mais bientôt se font sentir les phénomènes propres au thé, c'est-à-dire une continuité d'excitation qui se soutient pendant plusieurs heures. Le sentiment de faiblesse qui suit ordinairement l'ingestion des boissons chaudes non stimulantes ne se fait plus sentir dès que l'excitation produite par le calorique est dissipée ; il est remplacé, au contraire, par un sentiment de bienêtre et de réconfort qui ressemble à celui que donne une boisson alcoolique comme le vin, le grog, le porter ou la bière.

Ne tardent pas à se succéder les signes de stimulation nerveuse caractérisés par une mobilité plus grande, une aptitude notable à concevoir, une heureuse disposition aux travaux de l'esprit et du corps, et une distribution plus régulière de la chaleur animale.

Lorsque l'infusion est trop fortement chargée, surtout de thé vert, quelque temps après l'ingestion de la boisson surviennent des troubles nerveux, caractérisés par des

Fig. 107. — La récolte du thé.

bâillements, des agacements, des pincements dans la région de l'estomac, des palpitations de cœur, des tremblements légers dans les membres, un sentiment de resserrement dans les tempes, une certaine propension à la tristesse ; et ces symptômes une fois dissipés, il reste une faiblesse assez notable, et souvent un sentiment incommode d'affaissement et presque de courbature. Ces accidents se remarquent principalement chez les personnes qui prennent rarement du thé vert ; ils disparaissent graduellement lorsque l'on s'est fait une habitude de cette boisson.

Le thé noir ne dérange le sommeil que très-exceptionnellement, tandis que le thé vert pris le soir peut causer de l'insomnie à ceux qui en boivent le matin à déjeuner. On prend ordinairement une infusion faite, en proportion variable, de thé noir et de thé vert.

Le thé est la boisson que l'on peut prendre non-seulement avec le plus de plaisir, avec le moins d'inconvénient, mais aussi avec le plus d'avantages réels. Tout le monde sait que l'habitude émousse l'action d'un remède, et tel qui ne prenant que de l'eau à ses repas s'enivrerait avec un verre de vin pur, ou tout au moins en serait très-vivement excité, n'éprouvera à la longue rien d'extraordinaire ; il faudra doubler, tripler la quantité de vin ; bientôt, le vin ne suffisant plus, il faudra recourir au rhum, à l'eau-de-vie, aux spiritueux les plus énergiques.

De même, le thé pour une personne qui n'y est pas habituée est un médicament ; mais il perd cette qualité si l'on en fait un trop grand usage.

VI

Le thé a une influence heureuse sur la digestion ; il est peu de personnes chez qui cette infusion ne favorise l'élaboration des aliments. Chez les grands mangeurs, le thé devient une sorte de nécessité, une condition qui leur permet d'engloutir sans danger une grande masse d'aliments :

> Le feuillage chinois, par un plus doux succès,
> De nos dîners tardifs corrige les excès,
> Et, faisant chaque soir sa ronde accoutumée,
> D'une chère indigeste apaise la fumée.
>
> (DELILLE.)

Pris pendant ou après le repas, le thé est un des moyens les plus énergiquement curatifs dans les fatigues d'estomac, les paresses de digestion qui se manifestent après des excès de table, de veilles, etc.

On sait que dans les diarrhées qui succèdent au choléra ou qui persistent sans fièvre, après des maladies aiguës, l'usage du thé est très-convenable ; mais dans ce cas il faut prolonger l'infusion, afin que l'eau puisse dissoudre le principe astringent que la feuille ne cède qu'avec lenteur : les propriétés thérapeutiques de l'infusion sont alors augmentées, quoique celle-ci soit moins agréable.

Comme sudorifique, le thé a sur les autres infusions de la même classe le grand avantage de ne pas causer une débilitation, qu'il est urgent d'éviter dans un grand nombre de cas.

Les hommes qui abusent des plaisirs de la table, et surtout des boissons alcooliques, finissent par perdre leurs facultés digestives, et cependant l'excitation à laquelle ils sont habitués leur devient en quelque sorte nécessaire ; si un seul jour ils cessent de boire, ils tombent dans une hypocondrie, dans un dégoût de la vie, dans un anéantissement des forces qui ne serait pas sans péril si l'on n'y portait secours.

Dans ce cas, l'usage du thé est un remède souverain, il excite le système nerveux, lui rend son énergie, dissipe la tristesse et l'hypocondrie, et met ceux qui n'y sont pas habitués dans un état plus agréable et beaucoup moins fâcheux que l'ivresse. Cette précieuse boisson permet aux malades de se déshabituer lentement des spiritueux, et rend à l'estomac sa puissance digestive. L'abus du thé, d'ailleurs, est beaucoup moins à craindre que celui des boissons fermentées.

VII

Les Chinois absorbent de l'infusion de thé plus qu'aucune autre nation ; ils peuvent donc prêter à des observations curieuses et piquantes sur les effets physiques et moraux de cette boisson, car chaque nation a un caractère général, analogue à la substance qui prédomine dans son alimentation.

Les Chinois sont exempts de la goutte, de la pierre, des coliques néphrétiques, etc.

« Les Arméniens, dit Chardin, boivent du vin en qualité de chrétiens, tandis que les Persans, leurs voisins, en qualité de musulmans, boivent de l'eau. Les premiers sont sujets à la gravelle qu'ignorent les seconds; jamais ceux-ci ne s'enivrent, ne se querellent, ne se battent; ce sont les plus modestes et les plus patients des hommes; rien n'égale leur très-humble soumission, leur respect. »

Quelques coups de bambou, distribués de la main de leurs mandarins, qui en reçoivent à leur tour des grands, et ceux-ci de la main de l'empereur lui-même, règlent en un instant la plupart des différends.

Le vaste empire de la Chine n'a jamais changé de lois, de mœurs, de coutumes; les dynasties impériales s'y sont succédé, les hommes sont restés les mêmes malgré les révolutions, sans jamais songer au moindre progrès.

L'usage immodéré du thé, comme celui des meilleures substances, a ses inconvénients. Les Chinoises aux petits pieds sont sujettes, par l'effet de cette boisson, aux maux d'estomac et à d'autres maladies, comme les Anglaises et les Hollandaises.

L'excès de cette boisson donne un teint livide, verdâtre et plombé; il rend languissant, et épuise les forces avant la vieillesse; il noircit et fait tomber les dents; il cause des tremblements, des vertiges, surtout aux personnes énervées, qu'il énerve encore plus.

« Je ne sais pas, dit Balzac, jusqu'à quel point la quantité d'eau que les buveurs de thé précipitent dans leur estomac doit être comptée dans l'effet obtenu. Si l'expérience anglaise est vraie, il donnerait la morale anglaise, les *misses* au teint blafard, les hypocrisies et les médisances anglaises; ce qui est certain, c'est qu'il ne gâte pas

Fig. 108 — Récolte du thé.

moins la femme au moral qu'au physique. Là où les femmes
boivent du thé...., elles sont pâles, maladives, par-

leuses, ennuyeuses, prêcheuses. Pour quelques organisations fortes, le thé fort et pris en grande dose procure une irritation qui verse des trésors de mélancolie; il occasionne des rêves, mais moins puissants que ceux de l'opium, car cette fantasmagorie se passe dans une atmosphère grise et vaporeuse. Les idées sont douces autant que le sont les femmes blondes. Votre état n'est pas le sommeil de plomb qui distingue les belles organisations fatiguées, mais une somnolence indicible qui rappelle les rêvasseries du matin. »

Terminons en résumant les qualités générales du thé. Cette boisson convient aux hommes corpulents, sédentaires, lourds, qui mangent beaucoup, surtout des aliments gras, indigestes. Il réveille les individus somnolents, et cause une légère exaltation. Son usage modéré imprime en général de la délicatesse au physique et au moral. Il tend à donner de la profondeur aux idées, de la délicatesse aux sentiments; mais il rend vague et rêveur lorsque son influence n'est pas corrigée par d'autres aliments.

Fig. 109. — Pivoine moutan à fleurs doubles.

LE TILLEUL.

Sa description; ses propriétés; ses usages.

Le *tilleul*, cet arbre aux petites fleurs blanches et jau-
nâtres, à l'odeur suave, disposées en grappe pendante
à l'extrémité d'un pédoncule allongé, très-recherchées
des abeilles, qui en retirent un miel excellent, aux feuilles
molles et velues, munies
d'une petite touffe de poils
à la base des nervures, est
surtout propre à l'orne-
mentation des promena-
des. Son tronc parvient
quelquefois à une grosseur
très-considérable : on en
a vu de 9 mètres de cir-
conférence.

Son bois, tendre et léger,
est peu propre pour le chauffage ou pour la charpente,
mais il est recherché par
les sculpteurs et les lu-

Fig. 110. — Tilleul.

thiers; dans quelques contrées on en fait des sabots; il
fournit un charbon excellent pour la fabrication de la
poudre à canon et le meilleur fusain.

La peau cachée sous son écorce, et que l'on appelle *tille*, macérée dans l'eau et convenablement préparée, sert à fabriquer des cordes, des câbles, des toiles et du papier d'emballage.

Les fleurs du tilleul sont antispasmodiques; on les prend infusées comme du thé pour calmer les maux de tête. Sa graine est employée à faire une espèce de chocolat.

La séve du tilleul, retirée par incision, contient une assez grande quantité de sucre cristallisable; elle fournit, par la fermentation, une liqueur vineuse agréable.

Le tilleul croît à toute exposition et dans tous les terrains; il prospère cependant mieux au nord et dans un sol léger.

Fig. 111. — Groseillier à fleurs pourpres.

LA TULIPE.

Tulipe vient de *tulipa*, qu'on dérive du persan *tulban*,
qui veut dire à la fois tulipe et turban. On a ainsi nommé
cette fleur, sans doute à cause d'une certaine ressemblance
qu'elle présente avec le turban des Orientaux.

La tulipe s'élève sur une tige ronde dont la racine est
un oignon ; des feuilles l'enveloppent à la base seulement,
où elles se multiplient comme pour lui former un berceau ;
elles sont longues, terminées en pointe, unies, épaisses,
courbées dans leur longueur et propres tout ensemble à
servir de canal aux eaux qui doivent baigner la racine, et
à en absorber la quantité surabondante.

Au sommet de chaque tige est une fleur unique, dont
la figure est celle d'un beau vase ; cette fleur, resplendis-
sante de grâce, est sans odeur :

> « Pour couronner enfin les richesses qu'étale
> Des jardins renaissants la pompe végétale,
> La tulipe s'élève. Un port majestueux,
> Un éclat qui du jour reproduit tous les feux,
> Dans les murs byzantins méritent qu'on l'adore,
> Et lui font oublier son calice inodore. »

La plus belle espèce de ce genre est la *tulipe des jardins*,
ou tulipe proprement dite, qui varie à l'infini par la cou-

leur de sa fleur, ainsi que par le nombre et la distribution de ses nuances.

Fig. 112. — Tulipe de Gessner.

Depuis longtemps cultivée comme une des plus belles fleurs de nos parterres, cette plante est originaire de la Turquie ou de la Syrie, et croît naturellement dans les montagnes de la Savoie, dans plusieurs contrées de l'Asie méridionale et aux environs de la mer Noire. Conrad Gessner, fameux naturaliste, surnommé le Pline de l'Allemagne, la vit pour la première fois, à Augsbourg, en 1559, dans le jardin d'un amateur qui l'avait reçue de Constantinople.

Les Turcs, qui estiment singulièrement la tulipe, célèbrent au mois d'avril une fête sous le nom de *fête des tulipes*.

En Europe, et surtout en Hollande, le goût pour les tulipes fut pendant quelque temps une véritable passion ; elles étaient cotées à la Bourse de Harlem, et certains oignons atteignirent une valeur fabuleuse. Il se fit, selon Muting, pendant l'intervalle de trois ans dans une seule ville de Hollande pour 10 millions de florins d'affaires en tulipes. En 1634 et en 1637, suivant *les Nouvelles Annales des voyages*, les tulipes y montèrent à des prix énormes, et enrichirent beaucoup de spéculateurs. L'espèce la plus précieuse était celle que l'on nommait *semper Augustus*; on l'évaluait à 2,000 florins, on prétendait qu'elle était si rare qu'il n'existait que deux plants de cette espèce, l'un à Harlem et l'autre à Amsterdam. Un particulier, pour en avoir une, offrit 4,600 florins et, en sus, une belle voiture avec deux chevaux et tous les accessoires. Un autre céda pour un oignon douze arpents de terre. Vraiment on croit rêver en lisant de pareilles choses.

Les connaisseurs dédaignent les tulipes doubles; pour eux la tulipe parfaite est la tulipe simple, qui s'ouvre avec grâce et forme un vase régulier; ses six pétales doivent être larges et étoffés à leur base, ses étamines brunes ou noires, parce que ces teintes foncées se détachent davantage sur les couleurs claires de la corolle; elle doit présenter des panaches bien tranchés et qui ne soient jamais fondus avec le fond de la couleur des pétales.

Si le panache est blanc, on veut qu'il soit pur et blanc comme le lait; s'il est jaune, il faut que la teinte soit vive et comme dorée. On exige aussi que ces panaches paraissent également sur les deux faces, et soient bordés d'un liséré noir.

C'est par les semis et non par les oignons que l'on se
procure de nouvelles variétés; mais il faut quatre ou cinq
ans et plus pour que les tulipes commencent à se pana-
cher, car elles naissent d'une seule couleur.

Les Persans font de la tulipe l'emblème des parfaites
amours; chez nous elle a le même symbole et aussi celui de l'inconstance.

Fig. 113. — Lilas de Perse.

LE VANILLIER.

Sa description ; ses propriétés ; son histoire ; la vanille à l'île de la Réunion ; sa multiplication inattendue ; ses diverses espèces ; cueillette et préparation de la vanille.

I

Le *vanillier* est un arbrisseau sarmenteux et grimpant, originaire des Antilles et de l'Amérique tropicale.

Sa tige est verte et noueuse ; ses feuilles sont épaisses, coriaces, ondulées sur les bords ; elles ressemblent aux feuilles du laurier-rose ; ses fleurs, disposées en épis vers le sommet des tiges, sont très-odorantes, blanches, jaunes ou purpurines ; son fruit est une silique, ou gousse, bien connue sous le nom de *vanille*.

Vanille vient de l'espagnol *vainilla*, diminutif de *vaina*, gaîne. Elle est composée de deux parties ou valves, que l'on peut comparer aux cosses du haricot ; mais elles sont beaucoup plus longues : elles peuvent avoir de quinze à trente centimètres, et sont de la grosseur du petit doigt ; elles renferment un grand nombre de graines noires, enduites d'une pulpe assez molle. L'odeur balsamique de la vanille est des plus suaves.

En médecine, la vanille s'emploie comme tonique et

stimulant; on sait l'usage qu'en font journellement les confiseurs, les glaciers, les chocolatiers, les parfumeurs, etc.

Dans plusieurs pays, entre les tropiques, la nature n'a besoin d'aucun auxiliaire pour produire cette plante précieuse. Alexandre de Humboldt, en visitant le Nouveau-Monde, au commencement de notre siècle, l'a vue croître spontanément partout où il y avait de la chaleur, de l'ombre et de l'humidité.

II

En 1819, M. Perrottet, jardinier botaniste, l'a trouvée également indigène dans les forêts vierges de San-Matteo, à trente lieues de Manille.

C'est en 1812 que le vanillier a commencé à se répandre en France, où il avait été apporté du Mexique, en 1739, par le jardinier Millier; nombre de serres particulières en furent alors dotées.

L'île de la Réunion nous fournissait autrefois le meilleur café du monde; mais la maladie fit périr le superbe bois noir qui donnait ombrage au précieux arbrisseau, et les caféiries disparurent presque entièrement.

M. Ch. Desbassayns se hâta d'y faire succéder la culture de la canne à sucre, qui a répandu la richesse dans notre colonie pendant de longues années; mais, hélas! la maladie est venue de même s'abattre sur les champs de cannes, plusieurs colons ont été ruinés, et bon nombre tremblent encore dans l'appréhension du fléau.

Dans ces circonstances on a essayé la culture de la va-

Fig. 114. — Vanillier.

nille, culture qui a parfaitement réussi. Le vanillier vient partout sous ce ciel privilégié ; il suffit d'un peu de poussière entre la fente des rochers pour alimenter un plant gigantesque de cette liane robuste et féconde.

Sous le rapport de cette culture, la colonie fut favorisée d'une manière inespérée ; mais il paraît que l'on peut retourner le proverbe, et si à quelque chose malheur est bon, je crois que l'on peut dire à quelque chose bonheur fait mal ; du moins c'est ce qui est arrivé pour les cultivateurs de vanille.

Il y a sept ou huit ans, une gousse de vanille se vendait encore 1 fr., 1 fr. 50 c., 2 fr., et même plus. En 1867, à l'Exposition universelle, on distribuait de ces gousses parfumées, assez belles pour 25 centimes.

Voici ce qui a produit ce changement :

En 1841, un jeune noir, un enfant de douze ans, nommé Edmond Albius, était élevé dans la maison de Féréol Beaumont Bellier ; vivant à côté de cet homme instruit, témoin assidu de ses études dirigées vers les sciences naturelles, Edmond s'éprit d'une belle passion pour la botanique.

Ayant été chargé de soigner les vanilliers, et s'étant aperçu que très-peu de fleurs produisaient des fruits, il eut l'heureuse idée de porter lui-même, d'une main intelligente, le pollen sur chaque pistil.

Alors la multiplication de la vanille se fit comme par enchantement, et avec une abondance telle que sur les plants qui jusque-là n'avaient offert que de rares gousses on pouvait désormais les cueillir par centaines.

Ce nègre ingénieux venait de doter la colonie d'une

nouvelle industrie agricole. Une foule de petits terrains, dont la récolte ne suffisait plus à l'entretien de leurs propriétaires, allaient bientôt donner des produits fabuleux.

M. Bellier s'empressa d'annoncer cette découverte à ses compatriotes. Il était tout naturel que l'île de la Réunion voulût conserver ce secret pour elle, au moins pendant quelque temps ; mais comment conserver un pareil secret? Tous les jours, le vent répète encore : Midas, le roi Midas a des oreilles d'âne! Les colonies sœurs imitèrent la Réunion : bientôt nous eûmes la vanille presque pour rien, mais elle n'enrichit plus les colons.

III

On distingue trois sortes de vanilles :

1° La *vanille pompona*, qui a des gousses plus grosses et une odeur plus prononcée que les deux autres ;

2° La *vanille légitime* ou *de Ley*, la plus estimée des trois : son odeur est des plus suaves ; sa saveur est chaude et un peu piquante ; les gousses en sont minces, mais il est essentiel qu'elles soient bien pleines d'une liqueur noire, huileuse et balsamique, dans laquelle nagent les petites graines ; l'odeur de cette huile est si pénétrante qu'elle enivre ceux qui la respirent ;

3° La *vanille bâtarde*, qui est peu estimée.

On distingue encore dans le commerce les différentes sortes de vanilles par leur forme et leur dimension : vanilles *plate, ronde ;* vanilles *courte, longue, moyenne.*

Une variété de vanille, que l'on tire spécialement du

Mexique et des Antilles, est connue sous le nom de *vanillon;* elle est plus petite et moins estimée.

On dit que la vanille est *givrée* lorsqu'elle est couverte de petits cristaux blancs et brillants, formés par l'acide qui s'en exhale.

Les gousses ou capsules de vanille destinées au commerce sont cueillies un peu avant la maturité; afin de les empêcher de s'ouvrir et de conserver à leur péricarpe une certaine mollesse, on les frotte d'huile.

Plus que tout autre produit, la vanille exige beaucoup de propreté et des soins minutieux, mais surtout une grande vigilance dans les derniers jours de sa préparation : qu'elle reçoive une heure de soleil de trop, et ce n'est plus qu'un charbon ou un bâton de nulle valeur.

Une fois préparée à point, on choisit la vanille par longueurs; on la lie par paquets de cinquante gousses, et on l'enferme dans des boîtes de fer-blanc que l'on soude. Chacune de ces boîtes doit contenir trois mille vanilles. Enfin, trois boîtes de fer-blanc sont mises ensemble dans une caisse de cèdre, que l'on emballe. C'est ainsi que la vanille est ordinairement livrée au commerce.

Le mérite de la vanille est d'avoir une odeur balsamique, une saveur chaude, piquante, fort agréable. Le milieu dans lequel on la garde contribue à sa qualité.

Les pharmaciens conservent ce fruit dans des vases en verre qu'on bouche avec du liége, ce qui ne l'empêche pas de se dessécher en très-peu de temps et de perdre tous ses principes aromatiques.

Une longue expérience a démontré qu'on peut obvier à cet inconvénient en renfermant la vanille dans des boîtes de fer-blanc, en interposant entre chaque couche de ce fruit une couche de sucre en poudre ; dans ces conditions, la vanille est complétement soustraite au contact de l'air atmosphérique : elle ne perd point de son eau de végétation ni de son huile essentielle ; elle reste souple ; l'acide benzoïque ne s'effleurit pas à sa surface. Le sucre se parfume assez fortement pour être employé comme condiment ou comme aromate des crèmes, glaces et sorbets.

C'est le procédé que l'on emploie pour lui faire faire sans avaries les traversées au long cours.

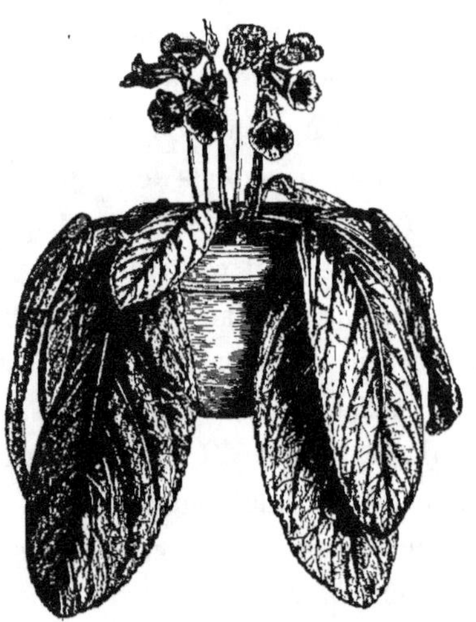

Fig. 115. — Ligeria speciosa.

LA VIGNE.

Tout le monde sait que la *vigne* renferme des arbrisseaux à tige ligneuse, noueuse, ordinairement tortue, munie de vrilles en spirale, et qui pousse des jets grimpants, longs et flexibles, appelés *sarments;* à feuilles larges, partagées en trois ou cinq lobes et dentées irrégulièrement ; à fleurs nombreuses, d'une odeur suave, disposées en grappe et naissant à la partie inférieure des jeunes rameaux.

La vigne se reproduit par semis, et plus souvent par marcottes ou provins et par bouture ; elle se prête aussi facilement à la greffe.

Elle pousse avec une rapidité surprenante et vit plusieurs siècles ; les vignes les plus vieilles sont celles qui donnent les produits les meilleurs et les plus abondants.

Les vignes qui fournissent les raisins de table se cultivent sur *treilles,* en *espaliers* ou en *berceaux;* les autres viennent en plein champ ; pour empêcher les fruits de toucher la terre, on soutient les ceps avec des échalas, ou bien, on les fait monter sur des arbres que l'on étête. Les anciens aimaient ainsi à marier la vigne à l'orme et au peuplier.

La vigne craint également la trop grande chaleur et le trop grand froid ; ses limites naturelles sont comprises entre 30° et 50° de latitude ; elle demande un sol léger et graveleux ; elle se plaît surtout sur les coteaux découverts et exposés au midi ; la France est le pays où elle réussit le mieux.

On doit redouter pour elle les gelées du printemps, qui détruisent les fleurs ; la coulure, effet des pluies, et qui emporte les grains déjà formés; les ravages de plusieurs insectes, tels que l'altise, le pyrale, l'eumolpe et depuis quelques années la maladie destructive appelée spécialement *maladie de la vigne.*

La vigne demande des labours et des binages fréquents; en outre, on la soumet successivement aux opérations de la taille, de l'ébourgeonnement, du retroussage, etc., qui exigent des soins particuliers.

Les anciens naturalistes et les voyageurs modernes sont d'accord entre eux sur la longueur et les étonnantes proportions de la vigne dans son état agreste. Strabon rapporte que l'on voyait dans la Margiane des ceps d'une telle grosseur, que deux hommes pouvaient à peine en embrasser la tige. Pline nous dit qu'on l'avait classée parmi les arbres, à cause du développement qu'elle est susceptible d'atteindre (fig. 116).

Il nous a également conservé le mot de Cinéas, l'ambassadeur de Pyrrhus, qui trouvant très-acide le vin qu'on lui offrait à Rome, et faisant allusion à l'usage latin de faire monter les pampres au sommet des arbres, dit que « c'était justice d'avoir pendu la mère d'un tel vin à une croix si élevée ».

Fig. 116. — Vigne agreste.

Le bois de la vigne est extrêmement dur; son grain est très-fin et susceptible d'un beau poli; on l'emploie à des ouvrages de tour, et il se conserve pendant des siècles; ses souches sont excellentes pour le chauffage.

On a exécuté des ouvrages de sculpture avec des troncs de vigne qui avaient atteint des proportions considérables; la statue de Diane, à Éphèse, était faite d'un seul tronc de vigne; les portes de Ravenne sont, dit-on, de bois de vigne, et les planches ont trois mètres de long sur quarante centimètres de large.

Chez les Romains un bâton fait de cep de vigne était l'attribut des centurions.

Un grand nombre d'auteurs ont écrit sur l'histoire de la vigne; nous résumerons ce que l'on en a dit de plus intéressant.

La culture de la vigne fut l'objet des soins des plus anciens peuples. L'Histoire sainte nous présente Noé comme l'inventeur de l'art de faire le vin, et les prophètes juifs s'élèvent souvent contre l'intempérance de leurs coreligionnaires. Dans l'ancienne Palestine les crus les plus exquis étaient ceux des montagnes d'Israël, du Carmel, de l'Hermon et du Liban, ainsi que ceux des vallées de Saaron, de Sorek, au nord de Jérusalem, et d'Eschéol, aux environs de l'Hébron.

Le vin blanc de Sorek est toujours estimé, et les vignobles d'Eschéol donnent encore des fruits qui rappellent les merveilleux raisins de la Terre promise, que les messagers de Josué portaient si péniblement. Un pied de vigne de Syrie, cultivé dans les serres du château de Welbects, en Angleterre, a fourni une grappe pesant neuf kilogrammes et demi et mesurant 35 centimètres de long sur un mètre et demi de circonférence. Le duc de Portland envoya ce phénomène végétal au marquis de Buckingham, premier ministre de Georges III.

Les Égyptiens apprirent d'Osiris la manière de planter la vigne et de faire le vin. Servius et Eutrope attribuent à Bacchus la découverte du vin. Properce et quelques autres écrivains en font honneur à Icare, père de Pénélope; et Athénée dit que la première vigne fut plantée en Sicile, sur le mont Etna.

Les peintures des hypogées égyptiens nous offrent des jardins avec de vastes tonnelles de vignes dont les fruits étaient réservés pour la table; ailleurs on voit des ouvriers foulant avec les pieds le produit des vendanges; plus loin, le vin renfermé dans des amphores de terre cuite est soigneusement rangé dans les celliers.

D'après la tradition, la culture de la vigne, connue dans la Grèce sous les Titans, fut négligée après eux; mais Cadmus la remit en vogue dans la Béotie, 1519 ans avant l'ère chrétienne, et lors de la guerre de Troie les Grecs tiraient beaucoup d'argent de leur vin; ils vendaient fort cher ceux de Maronée, de Cos, de Candie, de Lesbos, de Smyrne et de Chio.

Théopompe dit que Œnopion, fils de Bacchus, enseigna aux habitants de Chio à cultiver la vigne, que ce fut dans cette île qu'on but le premier vin rosé, et que ses habitants apprirent à leurs voisins à faire de bon vin.

Homère fait mention, dans l'*Odyssée,* du vin de Maronée, sur la côte de Thrace, en ajoutant qu'il était si fort qu'on devait le mêler à vingt fois son volume d'eau. Pline nous apprend que ce cru était toujours aussi généreux ; encore aujourd'hui les voyageurs parlent de l'excellence du raisin de Thrace. On croit que la variété à laquelle le naturaliste romain donne le nom d'*uva græcula* est le *raisin de Corinthe*, si remarquable encore de nos jours par sa petitesse.

Les vignobles les plus renommés étaient ceux de Sicyone, d'Ambracie, de Leucade, et surtout ceux des îles de Thasos, de l'Eubée, de Lesbos, de Chio et de Chypre. On sait de quelle faveur ces derniers crus jouissaient au moyen âge. Les croisés transportèrent des cépages de l'Orient en France et en Allemagne ; le nom de *Malvoisie*, donné aux vins de Madère et de Ténériffe, atteste l'origine grecque des plants qui les produisent.

La vigne formait un objet important de l'agriculture romaine. Numa passait pour être le premier qui eût enseigné à la tailler, et, pour mieux établir cette pratique, il exigea que le vin employé dans les sacrifices serait le produit d'une vigne coupée avec le fer.

Pline assure également que les vins de la Péninsule ne commencèrent à avoir de la réputation qu'au sixième siècle après la fondation de Rome. Les vins de Grèce étaient si rares dans l'enfance de Lucullus, qu'on se contentait d'en faire servir une seule fois, à la fin des meilleurs repas. A son retour d'Asie, le célèbre proconsul voulut faire connaître cette boisson à tous ses concitoyens, et il en fit distribuer au peuple cent mille mesures.

La conquête de la Grèce permit d'enrichir les vignobles de l'Italie de plants tirés de Chio et de Thasos. A l'époque de Pline, ces variétés acclimatées donnaient des vins qui venaient immédiatement après les crus de premier choix fournis par les variétés indigènes dites *aminéenne, nomentane* et *apiane* ou *muscat,* souches probables des vignobles les plus vantés de l'Italie moderne. Parmi les autres variétés empruntées au dehors, la vigne de Sicile ne réussissait que sur les coteaux d'Albe, et les cépages de la Rhétie et de l'Allobrogie, fameux dans leur pays natal, étaient devenus méconnaissables.

Sur les quatre-vingts espèces de vins renommés que produisait alors le monde connu, l'Italie en donnait selon Pline les deux tiers. Il ne nomme qu'en passant les vins d'Espagne, et paraît tenir en médiocre estime ceux de la Gaule, où pourtant la vigne avait été introduite de longue date par les Phocéens.

Strabon nous informe, du reste, que cette culture était très-productive et peu étendue.

Longtemps avant Domitien les Gaulois connaissaient la culture des vignes, puisque cet empereur les fit arracher, dans la crainte sans doute que la liqueur qu'elle procurait n'attirât les Barbares; mais, étrangers à cette crainte, Probus et Julien les firent replanter.

La destruction des grandes forêts et la disparition des marais favorisèrent la propagation de la vigne, qui au temps de César n'avait pas dépassé les Cévennes. Lorsqu'au quatrième siècle Julien fixa son séjour à Paris, les vignobles des environs donnaient de bons vins; mais on était obligé de couvrir les ceps pour les préserver des froids de l'hiver. Sous Childebert la vigne était arrivée aux bords de la Loire. Charlemagne la fit répandre sur les collines du pays de Vaud. Depuis des siècles la variété bourguignonne s'est fort bien accommodée de sa transplantation sur les coteaux du Rhin.

Dans un intéressant article, le journal *le Vigneron* fait remarquer qu'il est avéré que la culture de la vigne était en vigueur dans les Gaules non-seulement avant l'arrivée des Romains, mais même avant les Phocéens, et que de temps immémorial nos pères connaissaient l'art de faire du vin avec son fruit.

Fig. 117. — Mode de suspension des grappes dans la fruiterie.

Au mariage d'Ennénus, chef des Phocéens, avec Patta, fille de Nennus, roi des Saliens, peuple celte qui habitait les côtes de la Provence, cette princesse présenta, selon l'usage du pays, à celui qu'elle voulait se choisir pour époux une coupe où il y avait du vin et de l'eau.

Ce fait, que nous fournit Athénée dans son livre XIIIe, démontre l'erreur des historiens qui ne mettent que sous l'empereur Probus les commencements de la culture de la vigne dans les Gaules. Nos pères étaient même plus instruits dans cette partie de l'agriculture que les autres

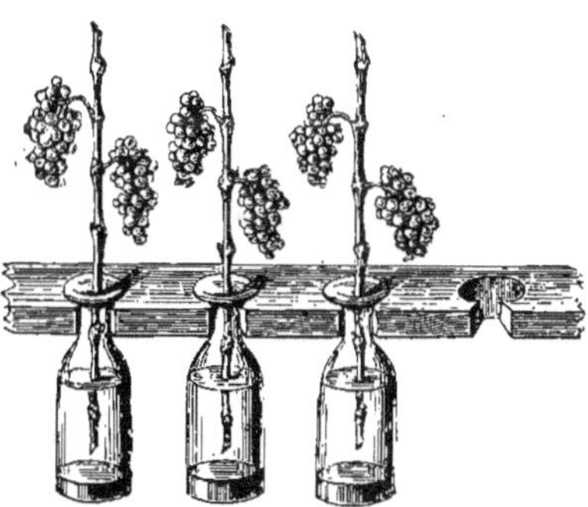

Fig. 118. — Conservation des raisins frais.

nations. Cicéron, dans l'oraison pour Fontéius, parle du grand commerce de vin qui se faisait dans l'intérieur des Gaules. L'œnologie est redevable à nos ancêtres de l'invention des tonneaux.

Du temps de Caton l'ancien on transportait en Italie des plants de vigne des Gaules. L'espèce appelée *biturica*, parce qu'elle provenait du Berri, est fort louée par les auteurs du grand ouvrage intitulé : *De re rustica;* ce plant était robuste et produisait beaucoup.

Dans les tombeaux des anciens Gaulois trouvés en Bourgogne, on voit qu'ils avaient à la main des vases à boire. Le père Montfaucon croit qu'on a voulu indiquer par ce symbole que le pays était dès lors abondant en vins.

Ausone, dans son poëme sur la Garonne, saint Paulin, aussi Bordelais, vantent les vins que produisaient de toute antiquité les pays que parcourt ce fleuve. Ainsi les Gaulois, dont l'économie rurale était si avancée, et qui habitaient la contrée la plus fertile de l'Europe occidentale, cultivèrent la vigne et connurent l'art de faire du vin plusieurs siècles avant l'invasion romaine.

Les Phocéens apportèrent-ils les premiers plants sur les côtes de la Provence, ou bien les navigateurs marseillais, si renommés dans l'antiquité, allèrent-ils, à des époques inconnues de l'histoire, chercher en Asie l'arbuste précieux transmis par Noé? C'est un mystère qui n'a pas encore été dévoilé.

La France a glorieusement pris la première place parmi les pays vinicoles; elle n'en cherche pas moins à s'approprier, par de persévérants efforts, de bonnes espèces étrangères. Un de nos compatriotes a acclimaté avec succès, près de Montpellier, le raisin de Tokay, et des essais analogues se poursuivent depuis 1862 sur des ceps portugais aux environs de Reims.

La Hongrie, qui pour l'abondance de sa récolte n'est inférieure qu'à la France et à l'Italie, doit aux Romains ses premiers vignobles. Les légions de Probus plantèrent en Syrmie, sur les rives du Danube inférieur, l'*uva carthagena*, dont la langue hongroise aurait, dit-on, transformé le nom en *kadurka*. Quant à la variété dite *furmint*, qui donne les vins blancs de Tokay, elle paraît avoir été transportée d'Italie par les soins de Louis d'Anjou, au quatorzième siècle. C'est donc un prince français qui aurait le mérite de cette initiative.

C'est aussi à des Français que la Russie doit le peu de vignes qu'elle cultive dans la partie méridionale de ses immenses États. La Crimée a pu produire ainsi les crus de Soudak et de Koz, tandis que les cosaques des bords du Don et de l'Axaï se sont adonnés avec ardeur, sous l'impulsion de nos compatriotes, à la fabrication de vins blancs, dont la majeure partie se transforme en vin mousseux, très-recherché par ceux qui ne peuvent se permettre le luxe du vin de Champagne. Ce n'est pas sans des soins extraordinaires que l'on a pu faire revivre cette culture, dans des régions où la température moyenne de l'hiver s'abaisse à 3 degrés au-dessous de zéro ; il a fallu recourir au procédé que Strabon indiquait jadis comme étant pratiqué aux abords du Palus-Méotide. Dès la fin de septembre, on enterre les ceps à environ un mètre et demi de profondeur ; ils passent ainsi toute la saison rigoureuse jusqu'au commencement d'avril, moment auquel on peut les découvrir sans danger.

De la Russie au Céleste-Empire il n'y a qu'un pas. La Chine abondait autrefois en crus excellents ; mais pour arrêter les progrès de l'ivrognerie le gouvernement prit le parti de faire arracher les vignes et de défendre l'usage du vin. Ce pays ne possède plus que des raisins de table. On connaît aux environs de Tien-tsin une variété dont les grains ovales ont jusqu'à 5 centimètres de longueur. Les empereurs eux-mêmes n'ont pas dédaigné de consacrer leurs soins à l'acclimatation de plusieurs raisins de treille. Parmi eux on cite les trois premiers souverains de la dynastie mantchoue, Kang-Hi, Young-Tching et Kien-Long.

Si nous considérons les autres parties du monde, nous rencontrons en Afrique le cap de Bonne-Espérance, où la vigne est d'importation hollandaise, et a formé le type distinct si célèbre sous le nom de *Constance*. En Australie l'introduction des cépages français et espagnols ne date que d'hier, et déjà les produits de cette industrie lui ont valu treize médailles à la dernière exposition internationale de Londres.

La vigne se trouve à l'état sauvage dans les forêts de l'Amérique du Nord, depuis les bords du Mississipi jusqu'aux rives du lac Érié, et c'est même pour cette raison que les Scandinaves qui abordèrent à la côte du Massachusets, au commencement du onzième siècle, lui donnèrent le nom de *Vinland* (pays de la vigne). Il y a une trentaine d'années, des plants du Médoc ont été acclimatés

avec succès à Philadelphie. La Californie elle-même se
livre à cette culture depuis 1854.

Terminons en empruntant aux *Contes de tous pays*, ouvrage plein de charmes, dû à la plume élégante de
M. Émile Chasles, une
délicieuse légende sur
la vigne : « Dionysos,
encore enfant, fit un
voyage en Hellas pour
se rendre à Naxia.
Le chemin était long,
l'enfant fatigué ; il
s'assit sur une pierre
pour se reposer.

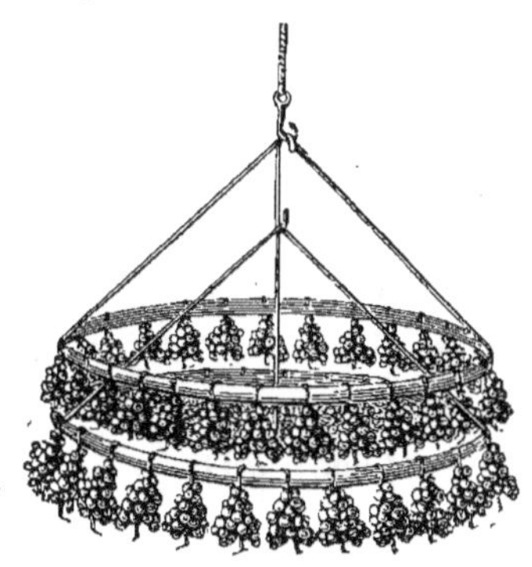

Fig. 119. —Raisins suspendus à des cerceaux.

« En jetant les yeux
à ses pieds, il vit une
petite herbe déjà sor-
tie du sol, et il la
trouva si belle qu'il
pensa aussitôt à l'em-
porter pour la replan-
ter chez lui. Il la dé-
racina et la prit dans
sa main ; mais comme
le soleil était très-
chaud, il eut peur que

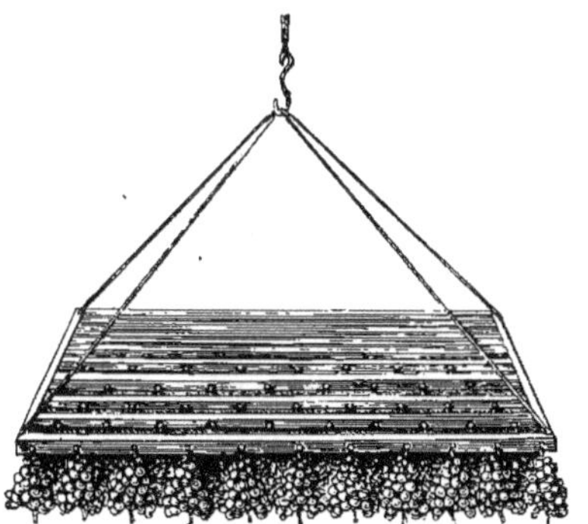

Fig. 120. — Cadres pour suspendre les raisins.

le soleil ne la desséchât avant son arrivée à Naxia. Un
os d'oiseau tomba sous son regard ; il y introduisit la
plante, et poursuivit sa route.

« Dans la main du jeune Dieu, la tige croissait si vite,

que bientôt elle dépassa l'os par le haut et par le bas. Comme il craignait encore qu'elle ne séchât, il regarda autour de lui, et voyant un os de lion plus gros que l'os d'oiseau, il y introduisit ce dernier avec la petite plante.

« La plante, croissant toujours, dépassa bientôt l'os de lion par le haut et par le bas. Alors, Dionysos ayant trouvé un os d'âne plus gros encore que l'os de lion, y plaça ce dernier avec l'os d'oiseau et la plante qu'ils contenaient.

« Il arriva ainsi à Naxia. Or, quand il voulut mettre la plante dans la terre, il s'aperçut que les racines s'étaient si bien entrelacées autour de l'os d'oiseau, de l'os de lion et de l'os d'âne, qu'on n'eût pu dégager la tige sans endommager les racines. Il planta donc l'arbuste tel quel.

« La plante grandit rapidement. A sa grande joie, elle portait des grappes merveilleuses ; il les pressa, et en fit le premier vin, qu'il donna à boire aux hommes.

« Mais Dionysos fut alors témoin d'un grand prodige :

« Quand les hommes commençaient à boire, ils se mettaient d'abord à chanter comme des oiseaux.

« Quand ils buvaient davantage, ils devenaient forts comme des lions.

« Quand ils buvaient longtemps, leurs têtes s'abaissaient, et ils étaient semblables à des ânes. »

LA VIOLETTE.

La Violette et les poëtes ; sa description ; ses propriétés ; ses symboles.

Tout le monde connaît cette aimable fleur, symbole de la modestie, et qui nous annonce le retour de la belle saison. De tous temps elle a été célébrée par les poëtes :

> Tu m'annonces, ô violette,
> La cour brillante du printemps ;
> Tu parais, j'entends la fauvette,
> Et Zéphir embellit nos champs.
> La primevère sort de l'herbe,
> Déployant ces grappes en fleur ;
> Que lui sert son luxe superbe ?
> Elle n'a point ta douce odeur.

Ce genre comprend un grand nombre d'espèces ; mais on remarque surtout la *violette odorante* (fig. 121) ; cachée sous l'herbe, son parfum la trahit. Sa corolle est d'un bleu violet ; c'est elle qui a donné son nom à cette couleur ; cependant il y en a aussi de blanches.

Elle n'a point de tige ; des rejets traînants partent du collet de la racine, ainsi que les feuilles et les fleurs. On sait qu'elle croît naturellement dans les prés, les bois, le long des haies. Elle se double par la culture, et fournit des variétés remarquables.

Elle aime l'ombre et le frais, et semble se cacher pour augmenter le plaisir de celui qui la cueille :

Franche d'ambition, je me cache sous l'herbe,
Modeste en ma couleur, modeste en mon séjour ;
Mais si sur votre front je me puis voir un jour,
La plus humble des fleurs sera la plus superbe.

(Desmarets, dans la Guirlande de Julie.)

Fig. 121. — Violette odorante.

Toutes ses parties sont employées en médecine ; ses semences sont purgatives, pectorales et très-bonnes pour adoucir la toux sèche et l'expectoration dans les rhumes ; ses feuilles et sa racine sont émollientes. Ses fleurs sont rafraîchissantes ; on en fait un sirop très-pectoral, et qui est pour le chimiste un réactif puissant. Ce sirop étendu d'eau sert à reconnaître la présence d'un alcali ou celle d'un

acide : l'alcali le rend vert, et l'acide lui donne une couleur rouge. La violette fournit au teinturier une couleur
bleu‾pourpre.

Les *pensées* et les *violettes* appartiennent au même genre.
On en connaît un assez grand nombre d'espèces, dont une
vingtaine sont indigènes en France. Sept ou huit de ces
espèces ont été introduites dans les jardins ; mais la pensée
proprement dite et deux ou trois variétés de violettes sont
les seules qui aient quelque importance.

Fig. 122. — Pensée des jardins.

La *pensée des jardins* (fig. 122) est une des plantes qui
attestent le mieux l'influence modificatrice de la culture
et en même temps la flexibilité de certaines espèces. Aucune description ne saurait rendre toutes les combinaisons
de coloris et la variété de tons qui ont été obtenus et
qui s'obtiennent encore sur la corolle de la pensée. Sa
forme, la grandeur de ses fleurs , et jusqu'à un certain
point le port même de la plante sont également sujets à
varier; aussi les botanistes n'ont-ils pas encore pu s'ac-

corder sur l'origine des innombrables variétés qu'elle nous présente.

La violette a toujours été l'emblème de la modestie, de la pudeur et de l'innocence. Dans beaucoup de pays on en décore le cercueil des jeunes filles.

Dans le langage des fleurs, la *violette blanche* peint plus particulièrement l'innocence ; la *violette jaune*, la beauté passée ; la *violette double*, l'amitié réciproque ; le *bouquet de violettes entouré de feuilles*, l'amour caché.

Fig. 123. — Gyroselle de Virginie.

LA VIORNE.

La *viorne,* ou *boule de neige ,* est un arbrisseau aux rameaux très-flexibles, aux fleurs blanches ou légèrement rosées, qui s'épanouissent en abondance au mois de mai, et contrastent agréablement par leur blancheur avec les autres fleurs de nos jardins.

On distingue plusieurs espèces de viornes : la principale, la *viorne aubier,* croît dans les forêts et les prés humides ; son bois est blanc ; ses feuilles, un peu velues en dessous, sont divisées en trois lobes aigus ; ses fleurs, blanches, sont réunies en une vaste ombelle plane ; son fruit est une baie globuleuse rouge, puis noirâtre, et dont les oiseaux sont très-friands.

La *viorne cotonneuse* est un arbrisseau très-commun, de deux à trois mètres de haut, de forme élégante, à rameaux qui dans leur jeunesse sont couverts d'une poussière blanche et farineuse ; à feuilles blanches et cotonneuses en dessous ; à fleurs blanches, très-belles ; à baies rouges avant leur maturité, puis noires. Les rameaux servent à faire des liens, des paniers, des corbeilles. Les fruits sont recherchés par les oiseaux. De l'écorce des racines on obtient de la glu.

La culture a produit une charmante variété, connue sous les noms de *boule de neige* ou de *rose de Gueldre.* Toutes ses fleurs, devenues très-grandes, sont d'une blancheur éblouissante et d'un effet admirable, mais elles sont stériles. La plante a donné lieu à une charmante allégorie allemande, publiée dans *la Presse de la jeunesse,* et que nous allons rapporter :

I

Il est une fleur qui fleurit avant toutes les autres fleurs, qui fleurit quand la nature est encore endormie sur les genoux glacés de l'hiver.

Cette fleur se compose d'un joli groupe de petites fleurs blanches, disposées en pelote ou parasol.

Fig. 124. — Viorne boule de neige.

Aussi dans la campagne appelle-t-on cette fleur *boule de neige*.

C'est une fleur qui fleurit avant toutes les autres
fleurs.

II

Connaissez-vous le vallon d'Engelberg ? Ce vallon n'est
pas loin d'Altorf ; on y a bâti la chapelle de Notre-Dame-
des-Ermites.

Si vous connaissez le vallon d'Engelberg, vous connaissez aussi la chaumière où mourut la blonde Gretchen.

La chaumière où mourut la blonde Gretchen, elle est
bâtie à mi-côte sur le gazon fin, à l'ombre de la forêt,
à quelques pas des rochers.

La forêt est vaste et mystérieuse. Les rochers forment
des grottes et des écueils sur lesquels on voit passer,
comme l'oiseau, le chamois, aux pieds nerveux.

Il y a sur ces rochers un précipice où s'engloutit un
torrent avec un bruit épouvantable.

Vous l'avez entendu ce bruit, et vous vous êtes senti
pâlir, vous qui connaissez le vallon d'Engelberg !

III

Ainsi, d'un côté tout ce que la nature a de plus imposant et de plus sublime, de l'autre tout ce que l'humanité produit de plus simple et de plus paisible : le vallon
d'Engelberg et la chaumière de Gretchen !

Orpheline à quatorze ans, la blonde Gretchen, en compagnie de sa grand'mère, habitait cette chaumière ; elle y
mourut à quinze ans.

Gretchen avait toujours été bonne, douce et modeste ; mais qui devait se souvenir de ses vertus ? La grand'mère elle-même ne se souvenait plus de rien.

Elle était si vieille, la grand'mère ! elle ressemblait à un fantôme se débattant dans la vie.

C'est pourquoi personne au monde ne pleura la blonde Gretchen.

IV

Mais dès que la jeune fille fut morte, un ange se présenta devant elle.

On eût dit le plus beau des anges ; il était aussi blanc que la neige des montagnes ; il avait une auréole de lumière dorée et des ailes de vapeur d'azur.

Il éveilla la jeune fille, qui, poussant un profond soupir, ouvrit les yeux et sourit.

Était-ce une récompense ? Était-ce une dernière épreuve ? Voici ce que ce bel ange dit à Gretchen :

— Quelque chose de toi doit revivre. La plus pure portion de ton corps va se transformer en fleur. Pour prix de tes vertus passées, Dieu te permet de choisir. Quelle est la fleur que tu préfères ? Quelle est celle que tu crois être la plus fidèle image de ton esprit ?

La blonde Gretchen garda le silence.

— Veux-tu, ajouta l'ange, que ton corps devienne une superbe tulipe ?

V

— Non, répondit alors la jeune fille ; la tulipe n'a pas
de parfum. Elle est belle, elle n'est pas utile.

— Un lis?

— Il s'élève trop au-dessus des autres fleurs. Il est
beau, il n'est pas modeste.

— Une rose ?

— Elle a des épines ; elle blesse la main qui s'avance
pour la cueillir. Elle est belle, elle n'est pas bonne.

— Deviens donc, ajouta l'ange avec douceur, deviens
une violette. Cette fleur possède un doux parfum ; elle ne
s'élève pas au-dessus de ses compagnes ; elle n'a pas d'arme
pour blesser la main qui s'apprête à la cueillir ; elle est
utile, modeste et bonne.

— Ange bienfaisant, s'écria Gretchen, ne m'as-tu pas
dit qu'il m'est permis de choisir?

— Sans doute ?

— Eh bien, je veux que la partie mortelle de moi-
même devienne une *boule de neige*.

Une *boule de neige?* répéta l'ange, étonné. Tu veux
vivre quand toute chose se flétrit! tu veux fleurir quand
toute la nature est morte!

J'annoncerai le printemps. A qui baissera les yeux
sur moi, je sourirai comme une espérance.

VI

L'ange ne trouva rien à répondre; il exauça le désir de la blonde Gretchen.

Puis il s'envola, plein d'admiration pour tant de douceur, de modestie et de bonté.

Bientôt parmi les frimas, sur une tombe virginale, s'éleva la fleur qui avait été l'objet d'une si sage préférence.

Et à partir de ce moment les anges du paradis chérirent cette fleur plus que toutes les autres, et en formèrent leurs couronnes.

Fig. 125. — Clématite de la Caroline.

LES PLANTES A LA MAISON.

Il y a dans les plantes une des plus grandes poésies de la nature ; elles égayent les plus obscurs réduits, de même qu'elles embellissent les salons les plus somptueux. Douces et gracieuses amies, elles nous sourient dans les moments tristes, elles nous récréent par leurs couleurs variées, elles nous embaument de leurs parfums suaves, elles nous offrent un dictame pour calmer nos fièvres et assoupir nos chagrins : toute leur existence est un bienfait sans retour d'égoïsme ou d'importunité. Comment ne pas les aimer, comment ne pas avoir une espèce de culte pour elles ?

Il est dans la vie des maux que la fortune ne peut adoucir, qui soumettent toute âme humaine, quels que soient son rang et sa condition, et que l'on peut calmer auprès des plantes. Que d'exemples l'histoire ne nous présente-t-elle pas, depuis les têtes couronnées cherchant, comme l'a fait Dioclétien, à oublier les vaines grandeurs et l'ingratitude des hommes au milieu de leurs jardins, jusqu'au pauvre prisonnier qui retrouve le monde entier dans une petite fleur !

Il est donc bien naturel de vouloir vivre avec les plantes, d'aimer à leur répandre la vie goutte à goutte, à les voir croître et se développer sous nos regards ; et il

est si facile de se procurer cette satisfaction, même lorsque
l'on n'a pas de jardin! car avec un peu d'art on peut
parfaitement les cultiver sur une fenêtre, sur une terrasse, dans une jardinière, etc. (fig. 126). Les soins à leur
donner sont bien simples ; voici les dispositions à prendre :

Faites établir des caisses en chêne assez longues
pour garnir la place dont vous disposez, de 30 à 40 centimètres de profondeur sur 25 à 30 centimètres de lar-

Fig. 126. — Jardinière.

geur environ ; que le fond soit garni de trous de distance
en distance et couvert de tessons de poterie, d'un lit
de plâtras divisés ou de sable, pour faciliter l'écoulement
de l'eau. On remplit ensuite jusqu'à quelques centimètres des bords avec de bonne terre de potager mélangée
d'un tiers ou d'un quart de terreau bien consommé ; on
la foule légèrement en la mettant dans la caisse. Après
avoir semé ou planté, on couvre d'un lit d'engrais à moitié consommé, ou bien on étend une couche de mousse

pour conserver l'humidité du sol et pour l'empêcher de durcir.

Il est nécessaire de préserver les plantes des ardeurs du soleil; il suffit pour cela d'étendre un fil de fer ou une charpente légère servant de support à une toile que l'on abaisse dans les moments les plus chauds de la journée; mais il est bien plus gracieux et bien plus agréable de les garantir par l'ombrage de quelques

Fig. 127. — Caisse d'appartement avec feuillage.

plantes grimpantes : des fils de fer que l'on tend de bas en haut d'une fenêtre suffisent pour que les capucines, les haricots d'Espagne, les pois de senteur, les volubilis, les clématites, le chèvrefeuille et le lierre y étalent un charmant rideau de verdure (fig. 127).

Si les plantes dépérissent promptement dans les appartements, c'est parce que l'on fait généralement tout ce qu'il faut pour leur donner une mort prompte : on les ôte de leur vase, on les met loin de la lumière, on les arrose rarement, etc., etc. Laissez-les au contraire dans leur pot, ce qui ne vous empêchera pas de leur donner un vase plus élégant comme doublure, de les placer dans une jardinière ou sur une étagère, de les disposer suivant leur taille et la couleur de leurs fleurs. Pendant le jour, exposez-les près des fenêtres, afin qu'elles reçoivent le plus de lumière possible; et lorsque les grands froids seront venus, faites-leur une place au milieu de l'appartement, afin que la gelée ne puisse les atteindre. — En été vous les soustrairez également aux rayons brûlants du soleil, vous renouvellerez l'air le plus souvent possible, et vous arroserez de manière que la terre soit toujours fraîche sans être humide, et par de légers bassinages vous enlèverez la poussière qui s'attachera aux feuilles. Ainsi, loin de se faner, de languir, de s'étioler, vos plantes se conserveront fraîches, fortes et pleines de vie.

Les jardinières peuvent être garnies exclusivement de plantes grasses; ce sont de toutes les plantes d'ornement celles que l'on peut conserver le plus longtemps dans les appartements (fig. 128). Plusieurs de ces plantes présentent des fleurs d'une beauté remarquable, mais le plus grand nombre ne fleurit qu'à de rares intervalles et n'est cultivé que pour l'élégance et la singularité des tiges et des feuilles.

Il est des plantes aquatiques dont le développement n'exige pas beaucoup d'espace, et que l'on peut facilement conserver dans des aquariums d'appartement. Les plantes destinées à ces aquariums doivent être d'abord placées dans des pots pleins de vase tourbeuse, que l'on recouvre

d'une couche de gros sable (fig. 130) ; on peut également
les planter dans de la mousse bien lavée, afin que l'eau
de l'aquarium soit toujours aussi propre que possible ;
cette mousse est également recouverte de gros sable. —
On range tous les vases au fond de l'aquarium ; on le
remplit ensuite d'eau, que l'on renouvelle de temps à
autre.

On trouverait difficilement une décoration plus gracieuse

Fig. 128. — Étagère à cactus.

que celle des vases à suspension ; ils peuvent parfaitement
s'harmoniser avec le style du lieu dans lequel on les
place (fig. 131). Ils sont ordinairement percés de trous,
ce qui permet aux plantes à oignon de s'y développer et
de produire le plus charmant effet en projetant au dehors
leurs feuilles et leurs fleurs. On peut y mettre plusieurs
espèces de végétaux, quelques plantes grasses et certaines
fougères, etc. On est également parvenu à établir dans
les salons de petites serres en miniature (fig. 129), dont

le prix est assez modique et dont l'élégance ne déparerait pas le plus riche mobilier.

Je ne voudrais pas trop m'appesantir sur ces détails, familiers sans doute à bon nombre de lecteurs ; cependant, je donnerai, d'après des spécialistes distingués, entre autres M. Neumann, chef des serres au Jardin des

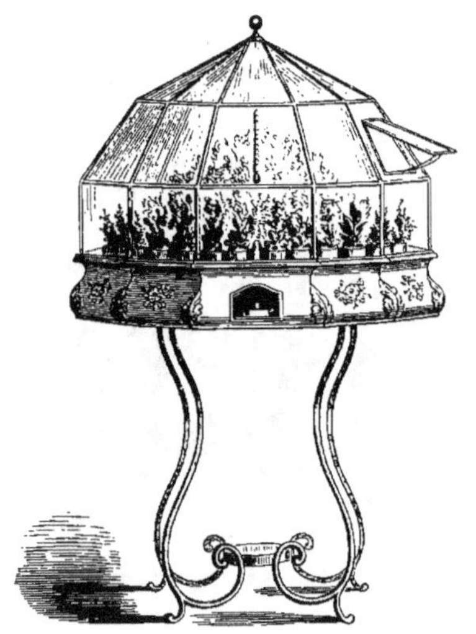

Fig. 129. — Serre d'appartement.

Plantes, et M. Dupuis, quelques indications assez peu connues et d'une expérience facile.

Une opération des plus curieuses et des plus intéressantes que l'on puisse faire dans les appartements est la multiplication de l'ananas par bouture. On prend un œilleton de cette plante, ou mieux le bouquet de feuilles qui surmonte le fruit, on le fait sécher un peu, puis on le met dans une carafe ou un bocal rempli d'eau, que l'on tient dans une

pièce chaude et exposée à la lumière ; on peut obtenir
ainsi un fruit plus petit, mais tout aussi parfumé que
ceux qui sont venus en terre.

On peut également multiplier par boutures faites dans
l'eau certains arbustes, tels que le laurier-rose. On choisit pour cela de jeunes rameaux forts et bien portants ;
dès que les racines commencent à pousser, on jette tous
les jours dans le vase un peu de terre, jusqu'à ce qu'elle

Fig. 130. — Aquarium.

forme une masse compacte ; on peut ensuite transplanter
la bouture avec toute la motte de terre.

Il n'est pas jusqu'à l'opération de la greffe que l'on ne
puisse pratiquer avec succès dans les mêmes conditions.
Une des plus curieuses est la greffe multiflore du géranium :
on coupe l'extrémité des rameaux d'un sujet vigoureux,
puis on greffe en fente des rameaux herbacés d'un certain
nombre de variétés. On obtient ainsi une floraison aussi
riche que variée. La greffe des œillets s'opère de la même

manière, mais avec quelques modifications; ainsi, on peut la faire soit quelque temps avant la floraison, avec des boutons développés au quart, soit sur des pieds qui ne doivent fleurir que l'année suivante.

Les plantes bulbeuses ou à oignon sont des plus précieuses pour les salons; certaines d'entre elles, les amaryllis, les jacinthes, les narcisses, etc., viennent fort bien dans l'eau, et donnent des fleurs aussi belles et aussi odorantes qu'en pleine terre. L'expérience est facile : on dispose les oignons sur des carafes ou des bocaux à sommet étroit, de manière que la partie inférieure soit seule plongée dans le liquide, jusqu'à un centimètre environ. Pour activer la végétation, on jette quelques grains de sel dans l'eau, que l'on a soin d'ailleurs de remplacer à mesure qu'elle s'évapore. On met ces vases sur les cheminées, et la chaleur de l'appartement suffit pour faire produire des fleurs d'une précocité remarquable. On doit choisir pour ces essais des variétés communes et d'un prix peu élevé, car les oignons sont complétement perdus dès que la plante a fleuri.

Une singulière culture, et qui présente assez d'intérêt, consiste à faire croître deux plantes bulbeuses, en sens inverse et dans le même vase. On choisit un bocal en verre à deux ouvertures, l'une supérieure, l'autre inférieure; on y met deux oignons, de manière que leurs bases se touchent vers le milieu du bocal, qu'on achève de remplir de terre. On le place ensuite sur un grand vase en verre blanc, large à la base, resserré à l'ouverture, et entretenu constamment plein d'eau. On arrose de temps en temps la terre du vase supérieur.

Les deux plantes poussent alors, l'une en haut, dans
l'air, l'autre en bas, dans l'eau, ce qui produit un gracieux effet, surtout si l'on a choisi deux variétés de
couleurs différentes. On trouve chez les fleuristes ainsi

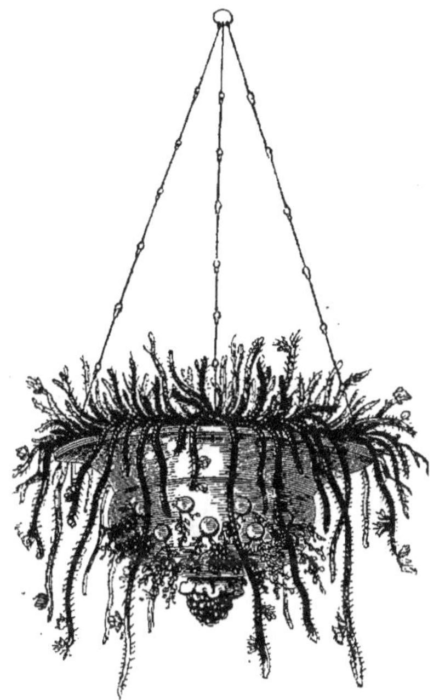

Fig. 131. — Vase à suspension.

que chez les marchands de verreries les vases nécessaires à cette curieuse expérience.

Rien de plus gracieux et en même temps rien de
plus aisé à faire qu'une pyramide de fleurs. Prenez
pour cela un entonnoir en fer-blanc peint en vert et
percé de trous d'environ un centimètre de diamètre. En

face de chacun de ces trous, mettez un oignon à fleurs, de telle manière que sa pointe seule paraisse au dehors et occupe le centre du trou; puis achevez de remplir l'appareil avec de la mousse bien tassée. Placez ensuite l'entonnoir redressé sur une cuvette en métal ou en faïence. Un petit trou pratiqué au sommet permet un arrosage qui doit être modéré. On peut même garnir de gazon les intervalles que laissent les fleurs sur la pyramide, ce qui est très-facile en employant un moyen analogue au suivant.

Le gazon est fréquemment employé pour la décoration des jardins d'intérieur; rien de gai comme une belle verdure. On se contente quelquefois de couvrir de graines de blé, d'orge ou d'avoine le fond d'une assiette ou d'une soucoupe que l'on tient constamment humide. On obtient avec le cresson alénois ou d'autres graines très-fines, comme celles de millet, de roquette, etc., des massifs de gazon de la forme que l'on veut : cette forme une fois adoptée, on recouvre le tout d'un fourreau de molleton neuf, on le frotte avec une carde ou une brosse rude, puis on le saupoudre de graines. On fait reposer ce champ artificiel, sur un vase ou une base quelconque contenant de l'eau, et l'humidité dont s'empreint sans cesse le molleton suffit pour faire germer les graines, qui forment bientôt un massif de verdure épais et velouté. Ce gazon doit être tondu avec des ciseaux lorsqu'il dépasse une certaine hauteur.

Dans la culture d'appartement, on peut faire des observations très-intéressantes sur le moment de la journée où les fleurs s'épanouissent; elles présentent sous ce rapport des particularités remarquables : ainsi il en est, comme la belle de nuit, qui s'ouvrent le soir et se ferment le matin ; d'autres offrent le phénomène inverse. Un savant observateur fait remarquer que lorsque le laiteron de Sibérie ouvre ses fleurs le soir, on peut annoncer de la pluie pour le lendemain, et que le beau temps est certain s'il les ferme à la même heure : cette fleur ne s'ouvre que par les temps brumeux. Au con-

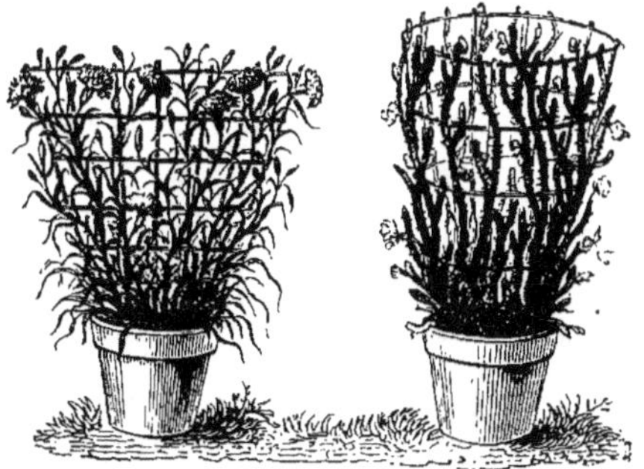

Fig. 132. — Treillage en bois pour œillets et cactus.

traire, le souci pluvial ferme sa fleur lorsque le temps se couvre. M. Decaisne, membre de l'Institut, a fait remarquer que la plupart des fleurs qui s'ouvrent à une heure déterminée et très-matinale appartiennent à des plantes à suc laiteux, et en particulier à des chicoracées.

A mesure qu'une plante s'avance sous une zone plus froide, l'heure de son épanouissement retarde ; l'atmosphère agit aussi puissamment sur ce phénomène. Linné a composé une *horloge de Flore* en marquant par l'épanouissement d'une fleur différente chaque heure de la journée il est évident que ce tableau est sujet à varier.

HORLOGE DE FLORE.

1 heure.	Laiteron de Laponie.	1 heure.	Œillet prolifère.
2	Salsifis jaune.	2	Crépide rouge.
3	Grande picridie.	3	Barthausie à feuilles de pissenlit.
4	Liseron des haies.		
5	Crépide des toits.	4	Alisse alissoïde.
6	Scorsonère.	5	Belle de nuit.
7	Nénuphar.	6	Géranium triste.
8	Mouron des champs.	7	Belle de jour safranée.
9	Souci des champs.	8	Ficoïde nocturne.
10	Ficoïde napolitaine.	9	Nyctanthe du Malabar.
11	Ornithogale, ou dame de onze heures.	10	Liseron à fleurs pourpres.
		11	Silène noctiflore.
Midi.	Glaciale.	Minuit.	Cactus à grandes fleurs.

On peut également marquer conventionnellement les heures à l'aide de fleurs. Voici, paraît-il, ce qu'avaient adopté les anciens à ce sujet :

1 heure.	Bouquet de roses épanouies.	7 heures	Bouquet de lupins.
2	Bouquet d'héliotrope.	8	Bouquet de fleurs d'oranger
3	Bouquet de roses blanches.	9	Branche d'olivier.
4	Bouquet d'hyacinthe.	10	Branche de peuplier.
5	Branche de citronnier.	11	Bouquet de souci.
6	Bouquet de lotus.	12	Bouquet de pensées.

On a remarqué qu'un certain nombre de plantes s'épanouissent toujours dans la même saison, et souvent dans le même mois de l'année, ce qui a permis de les distinguer en *printanières*, en *estivales*, en *automnales*, et en *hivernales*. — Linné a également eu l'idée, assez poétique, de former un *calendrier de Flore*, calendrier qui doit nécessairement varier pour les différents climats. Celui que nous donnons est assez juste pour la plus grande partie de la France.

CALENDRIER DE FLORE.

Janvier.
Peuplier blanc.
Perce-neige.
Violette.

Février.
Daphné bois-gentil.
Lauréole.
Noisetier.
Anémone hépatique.

Mars.
Anémone sylvie.
Narcisse.
Primevère.
Giroflée jaune.

Avril.
Tulipe.
Impériale.
Petite pervenche.
Jacinthe.
Lilas.

Mai.
Muguet.
Filipendule.
Iris.
Pivoine.

Juin.
Bluet.
Nielle des blés.
Pied d'alouette.
Nénuphar.
Pavot.

Juillet.
Menthe.
Œillet.
Catalpa.
Laurier-rose.
Chicorée sauvage.

Août.
Scabieuse.
Balsamine.
Laurier-tin.
Myrte.
Magnolia.

Septembre.
Cyclamen d'Europe.
Réséda.
Colchique d'automne.
Lierre.
Amaryllis jaune.

Octobre.
Chrysanthème des Indes.
Topinambour.
Aralia épineux.

Novembre.
Verveine.
Éphémérine.
Anémone du Japon.

Décembre.
Rose de Noël.
Lopézie.
Thlaspi d'hiver.
Mousses.

Le sentiment instinctif que nous avons des liens qui unissent le monde moral au monde physique a fait donner à la plupart des fleurs un attribut particulier, auquel elles servent d'emblème et d'expression ; elles forment ainsi un véritable langage.

Dès les temps les plus reculés l'art de composer un bouquet n'était pas chose indifférente : nos anciens preux, qui l'avaient reçu d'Orient, en faisaient un grand usage ; même chez les sauvages ce langage est très-expressif.

Si nous connaissions mieux les qualités des plantes, peut-être leur trouverions-nous non-seulement des ressemblances, des analogies avec le moral, avec le caractère des individus, mais aussi des rapports intimes ; car le monde visible, le monde matériel, n'est que l'expression d'un monde invisible, d'un monde intellectuel : c'est l'expression des pensées de Dieu même. C'est en observant ce monde matériel, que l'on parvient à le connaître expérimentalement et à former les sciences. L'étude de la nature ne devrait donc être qu'une élévation perpétuelle de l'âme à Dieu ; à ce point de vue on comprend les jouissances ineffables qu'ont éprouvées les grandes intelligences qui s'en sont occupées avec le plus de succès.

Fig. 133. — Panier monté.

ANALYSE DE LA PLANTE.

Pour les gens du monde étrangers à la botanique, et pour les personnes qui débutent dans l'étude des sciences ou qui veulent se contenter de notions générales sur les végétaux, nous croyons utile d'ajouter ici très-succinctement la description des principales parties de la plante.

Les parties principales de la plante sont : la *racine*, la *tige*, les *feuilles*, les *fleurs* et les *fruits*.

RACINE.

La racine est la partie inférieure de la plante qui puise dans le sol les éléments variés qui servent à la nourriture du végétal.

Les parties principales de la racine sont :

1° Le *collet* ou *nœud vital*, placé à la partie supérieure de la racine (fig. 134, *c*). C'est la ligne de démarcation entre la racine et la tige ; il n'est pas toujours facile de le reconnaître, car il est ordinairement dans la terre.

2° Le *corps* ou partie moyenne de la racine, il se trouve immédiatement au-dessous du collet. Sa forme et sa consistance varient beaucoup.

3° Le *chevelu* ou partie inférieure de la racine. Il est

composé de filaments ou *radicelles* partant du corps.
On distingue plusieurs espèces de racines, suivant

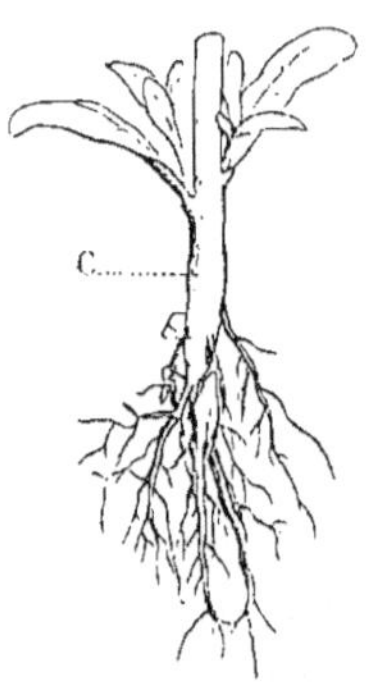

Fig. 134. — Girofléc, racine et portion inférieure de la tige.

Fig. 135. — Renoncule des jardins. Racine tuberculeuse.

Fig. 136. — Paturin. Racine fibreuse.

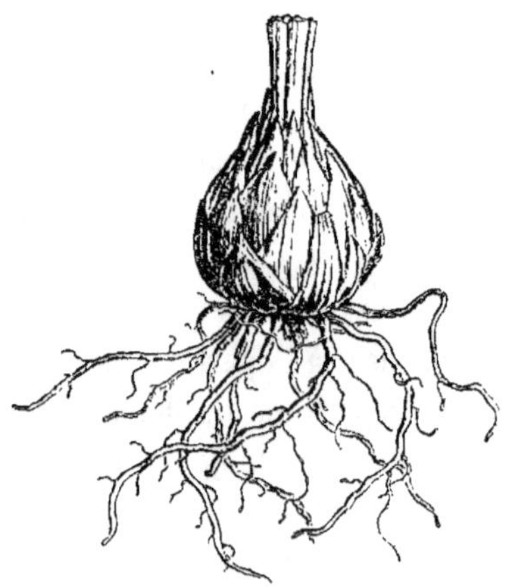

Fig. 137. — Bulbe de lis.

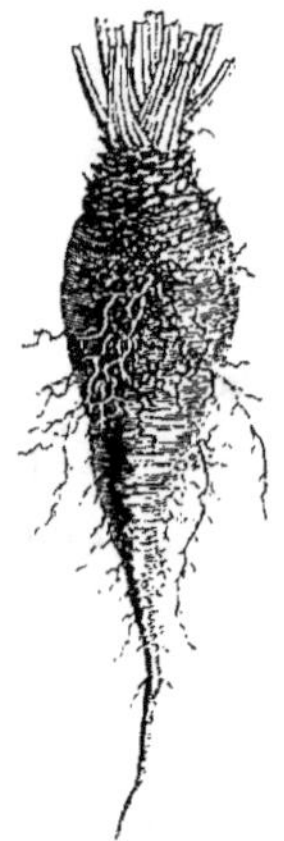

Fig. 138. — Racine pivotante. Betterave.

leur *forme,* leur *durée,* leur *structure* et leur *direction :*

1° *Racines fibreuses* (fig. 136) : celles dont le corps est formé d'un seul jet, ou de plusieurs jets se ramifiant en une multitude de fibres plus ou moins déliées.

2° *Racines tuberculeuses* (fig. 135) : celles qui présentent à leur partie supérieure ou sur différents points de leur étendue, des *tubercules*, c'est-à-dire des corps charnus, irréguliers, contenant ordinairement une fécule abondante; exemple : les pommes de terre, les anémones, les renoncules, etc.

3° *Racines bulbeuses* (fig. 137), vulgairement *oignons* : elles offrent un plateau large, plat, émettant de sa face inférieure des radicules qui constituent la véritable racine, et portant supérieurement un *bulbe* ou *oignon*, qui n'est autre chose qu'un bourgeon. Il est enveloppé d'écailles charnues, tantôt embrassant toute la circonférence de l'oignon, et s'emboîtant les unes dans les autres, exemple : l'*oignon commun;* tantôt étroites et *imbriquées*, c'est-à-dire se recouvrant comme les tuiles d'un toit, exemple : le *lis;* quelquefois sous une seule enveloppe on trouve plusieurs bulbes réunis, exemple : l'*ail*.

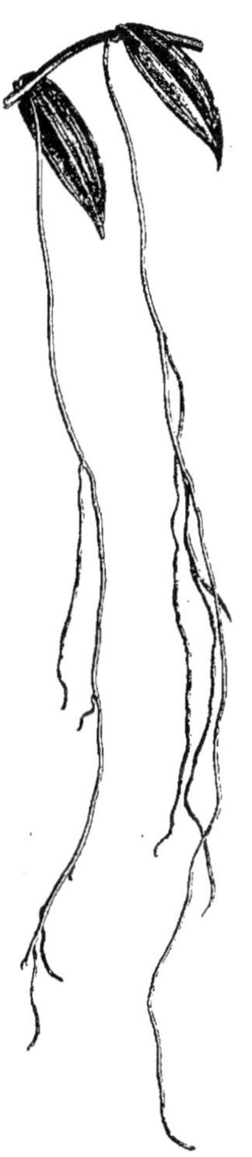

Fig. 139. — Racines adventives de la vanille.

4° *Racines adventives* (fig. 139) : elles naissent sur les parties aériennes de la plante, à des distances plus ou moins grandes du sol; quelquefois la formation de ces racines est déterminée par l'industrie humaine.

Suivant leur direction, les racines prennent les noms de *pivotante* (fig. 138), *oblique*, *horizontale*, etc.

On distingue par rapport à la durée :

1° Les *racines annuelles* : elles se développent et meu-

Fig. 140. — Coupe transversale d'un tronc. Chêne tinctorial.

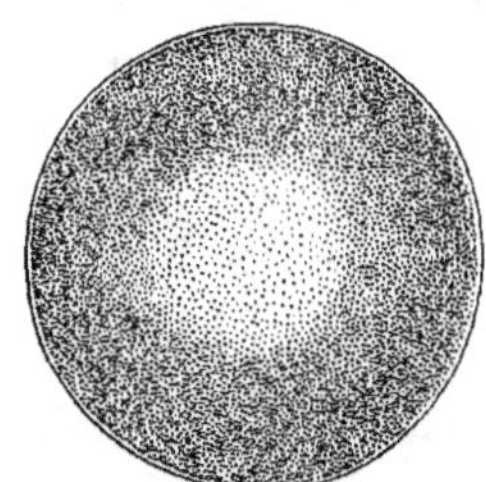

Fig. 141. — Coupe transversale de la tige d'un palmier, montrant, par ses ponctuations, les faisceaux fibreux et vasculaires disséminés dans le tissu parenchymateux.

rent dans la même année, après que la plante a donné des graines;

2° Les *racines bisannuelles* : elles achèvent leur développement et meurent dans la deuxième année, lorsque la plante a donné ses fleurs et ses fruits;

3° Les *racines vivaces* : elles subsistent un nombre indéfini d'années; les unes portant des tiges ligneuses, qui durent autant qu'elles, les autres des tiges herbacées, qui se développent chaque année.

Ces distinctions n'ont rien d'absolu, car des plantes

ou racines annuelles peuvent devenir bisannuelles, vivaces et réciproquement.

TIGE.

Les principales espèces de tiges sont le *tronc*, le *stipe*, le *chaume*, la *souche* ou *rhizome*.

Le *tronc* (fig. 140) est une tige ligneuse, élargie à la base, s'amincissant de plus en plus à mesure qu'elle s'élève; nue inférieurement, ramifiée supérieurement. C'est la tige des arbres de nos forêts.

Le *stipe* est une tige fibreuse aussi grosse à son extrémité qu'à sa base; rarement ramifiée, ordinairement terminée par un faisceau de feuilles. Exemple, la tige des palmiers (fig. 141); on donne également ce nom à la tige des champignons.

Le *chaume* (fig. 142) est une tige cylindrique, ordinairement fistuleuse, munie d'espace en espace de nœuds solides; simple ou rarement ramifiée, exemple : le blé, le bambou.

La *souche* ou *rhizome* (fig. 143, 144, 145), c'est une tige souterraine et horizontale, poussant par sa partie antérieure des rameaux et des feuilles, tandis que sa partie postérieure se détruit.

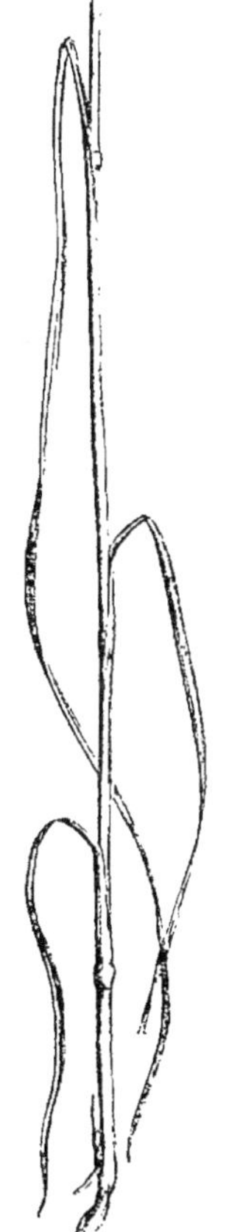

Fig. 142. — Chaume du seigle.

Structure de la tige.

Dans les tiges les plus complètes, c'est-à-dire dans les tiges des arbres de nos climats, on distingue l'*écorce*, le *bois* ou *ligneux*, et la *moelle*.

L'*écorce* ou enveloppe extérieure des plantes offre, de la circonférence au centre : 1° l'*épiderme*, pellicule

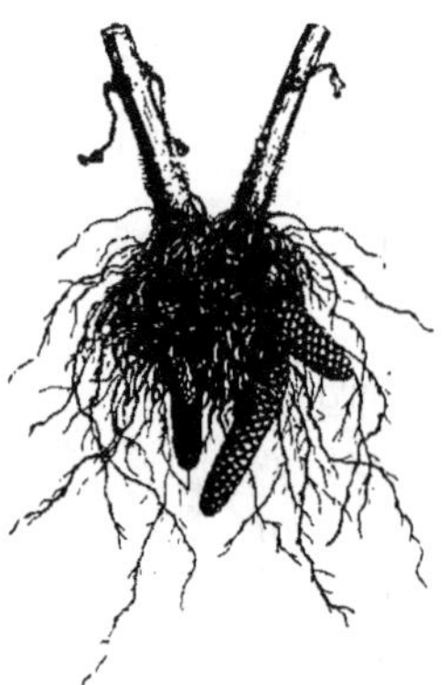

Fig. 143. — Rhizome écailleux.
Achimène.

Fig. 144. — Rhizome en plateau.
Cyclamen.

mince ; sa surface est parsemée de petits points que l'on regarde comme des pores et que l'on nomme *stomates ;* 2° l'*enveloppe herbacée*, membrane verte formée par du tissu cellulaire ; on l'a nommée aussi *moelle externe*, à cause de son analogie de structure avec la moelle ; 3° les *couches corticales*, ou couches longitudinales de fibres offrant la consistance du bois et s'entre-croisant de manière à former un réseau. On désigne également par le nom de *liber* les couches internes de l'écorce.

Le bois ou *ligneux* se compose de plusieurs couches formant des zones concentriques dont les plus externes portent le nom d'*aubier*, ou *bois imparfait*, parce qu'étant plus jeunes elles n'ont pas acquis la solidité et la couleur du bois proprement dit. La ligne de démarcation entre le bois et l'aubier n'est pas toujours sensible. La structure des *branches* et des *racines* ne diffère pas de celle de la tige.

Fig. 145. — Rhizome rampant à la surface du sol. *Iris.*

La *moelle*, substance spongieuse, renfermée dans un canal, nommé *étui médullaire*, qui se prolonge depuis le collet jusqu'au sommet de la tige. Dans les racines, souvent le canal médullaire est peu perceptible.

Toutes les tiges ne présentent pas une organisation parfaitement semblable. Il en est qui manquent de moelle, ou dont l'aubier ne se distingue pas du bois; dans d'autres, on ne distingue ni écorce, ni couches ligneuses concentriques, ni canal médullaire, mais une substance homogène dans toute l'épaisseur de la tige, composée de longs faisceaux de fibres ligneuses éparses au milieu du tissu spongieux qui les unit les unes aux autres.

FEUILLE.

Les parties principales de la feuille sont le *pétiole* et le *limbe*.

Fig. 146. — Feuille pennée, ou feuille ailée, avec impaire terminale, du jasmin.

Fig. 147. — Feuille palminerve simple et lobée, de la mauve.

Fig. 148. — Feuilles perfoliées et opposées du *Crassule*.

Le *pétiole* est le support plus ou moins grêle et allongé que l'on nomme vulgairement *queue de la feuille*.

Le *limbe* est le *disque* de la feuille, la feuille proprement dite. On y distingue les *nervures* ou fibres ramifiées de différentes manières, et formant comme la charpente de la feuille; le *parenchime*, membrane tendre, ordinairement verte, remplissant les interstices des nervures; il est revêtu d'un épiderme très-mince, muni de stomates ou pores.

On distingue plusieurs espèces de feuilles, relativement à leurs formes, à leurs dispositions sur la tige,
à leur durée, etc.

Les principales sont :

1° *Feuilles pennées* (fig. 146), celles qui n'ont qu'une
seule nervure principale ou côte, qui part de la base et
émet latéralement des nervures secondaires disposées
comme des barbes de plume.

Fig. 149. — Feuilles gémi-
nées du pin sylvestre.   Fig. 150. — Feuilles distiques. *Laurier-cerise.*   Fig. 151. — Feuille cordée du lierre.

2° *Feuilles palminerves* (fig. 147), celles qui ont
plusieurs nervures principales ou côtes, partant de la
base et divergeant en émettant chacune des nervures
secondaires également disposées des deux côtés, comme
des barbes de plume et rappelant pour ainsi dire les
doigts de la main.

3° *Feuilles entières*, celles qui ne présentent aucune
échancrure sur les bords ; elles peuvent affecter différentes formes.

4° *Feuilles divisées*, celles qui présentent des échancrures sur les bords. Quand les échancrures sont très-profondes, la feuille est dite *lobée;* quand elles sont moins profondes, elle est *divisée;* quand ce sont seulement de simples crans, analogues à des dents de scie, la feuille est *dentée;* quand les échancrures sont très-étroites et en lanières, la feuille est *laciniée;* quand elles sont arrondies, la feuille est *sinuée.*

5° *Feuilles simples,* celles qui, continues par leur parenchyme, ne forment qu'un seul tout dont on ne peut isoler une partie sans déchirer les autres, telles que la feuille de vigne.

6° *Feuilles composées,* celles dont les diverses parties, isolées l'une de l'autre, adhèrent au pétiole par une articulation distincte, de telle sorte qu'on peut les en séparer sans déchirure, telles que celles des marronniers d'Inde.

7° *Feuilles sessiles,* quand le pétiole manque, le limbe s'applique immédiatement sur la tige; *pétiolée* dans le cas contraire; *embrassante* ou *amplexicaule,* quand elle s'épanouit autour de la tige qu'elle embrasse; *engaînante,* quand elle forme une espèce de gaîne ou de fourreau à la tige qu'elle entoure; *perfoliées* (fig. 148), quand le limbe semble être traversé par la tige.

8° *Feuilles alternes* disposées en spirale autour de la tige; *opposées,* placées vis-à-vis l'une de l'autre; *verticillées,* quand elles sont disposées en anneaux horizontaux autour de la tige; *géminées* (fig. 149), naissant par paires au même point; *fasciculées,* naissant en assez grand nombre au même point; *imbriquées,* se recouvrant les unes les autres comme les tuiles d'un toit; *distiques* (fig. 150), disposées sur deux rangs opposés.

On a également donné différents noms aux feuilles, suivant leur durée :

Feuilles caduques, quand elles tombent avant de se flétrir; *tombantes,* quand elles tombent annuellement; *persistantes,* quand elles persistent plusieurs années.

On donne aux feuilles beaucoup de noms divers suivant le plus ou moins de ressemblance qu'elles présentent avec d'autres objets. Ainsi, on appelle feuilles *lancéolées* celles qui sont en forme de fer de lance; *gladiées,* en épée; *sagittées* en fer de flèche; *lunulées,* en croissant; *cordées,* en cœur (fig. 151); *lyrées,* en forme de lyre; *panduriforme,* en forme de violon; *capillaire,* lorsqu'elles sont fines comme des cheveux, etc., etc.

FLEUR.

La *fleur* est l'assemblage des organes fécondateurs et des parties accessoires qui leur servent d'enveloppe.

Pourvue de tous les organes qui entrent dans sa composition, la fleur offre du centre à la circonférence :

1° Le *pistil,* 2° les *étamines,* 3° la *corolle* et 4° le *calice.*

1° Le *pistil* est un organe placé au centre de la fleur, qui offre toutes les parties qui peuvent la constituer; il est tantôt unique, tantôt multiple; on y distingue :

L'*ovaire* (fig. 152 et 153), c'est la base ou partie inférieure du pistil; il est renflé, de forme ordinairement arrondie, et renferme les rudiments des jeunes graines.

Le *style*, c'est une partie intermédiaire, s'élevant sur l'ovaire sous la forme d'un filet.

Le *stigmate*, c'est un petit mamelon, reposant ordi-

Fig. 152. — Coupe transversale de l'ovaire de la pensée des jardins.

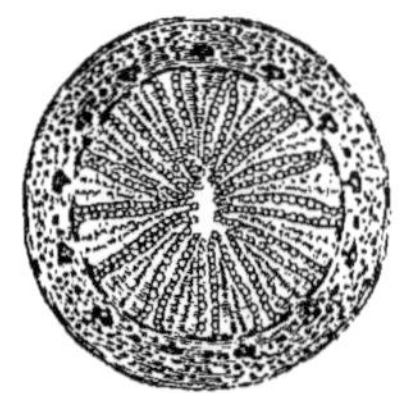

Fig. 153. — Coupe transversale de l'ovaire du pavot.

nairement sur le sommet du style; il est le plus souvent spongieux, recouvert d'un enduit visqueux.

2° Les *étamines* (fig. 154) sont de petits organes placés en nombre plus ou moins considérable autour

Fig. 154. — Fleur ouverte du *Rata divaricata*, montrant les étamines à divers degrés d'inclinaison vers le stigmate, pour y déposer le pollen.

Fig. 155. — Corolle monopétale à 5 lobes de la nemophile commune.

du *pistil* (fig. 154) dans les fleurs pourvues de tous les organes; on y distingue le *filet*, c'est un support filamenteux, ayant la forme du style, et sur lequel l'*anthère* est attachée; l'*anthère* est une sorte de petit sac membraneux ou capsule remplie d'une poussière propre à féconder les graines; cette poussière s'appelle le *pollen;* elle est ordinairement jaune.

3° La *corolle*, c'est la partie colorée de la fleur qui entoure immédiatement les étamines.

On nomme *corolles monopétales* (fig. 155) celles qui sont formées d'une seule pièce, d'un seul pétale; et corolles *polypétales* (fig. 156), celles qui offrent plusieurs pièces, plusieurs pétales.

Fig. 156. — Corolle polypétale du
rosier des haies.

Fig. 157. — Corolle irrégulière
de la pensée des jardins.

Dans la *corolle monopétale* on distingue : 1° le *tube*, partie comprise entre le point où s'insère la corolle et celui où elle se divise; 2° le *limbe*, partie étalée qui s'étend depuis l'entrée du tube jusqu'aux bords; 3° la *gorge*, orifice supérieur du tube, ou le point où il se réunit avec le limbe.

Dans les *corolles polypétales* (fig. 156) on distingue dans le *pétale*, la *lame*, partie supérieure plus ou moins élargie et étalée; l'onglet, partie rétrécie de ce même pétale, par lequel il tient à la fleur. Les pétales à onglets très-prononcés sont dits unguiculés.

La *corolle* présentant un ensemble symétrique dans ses différentes parties est dite *régulière*, et dans le cas contraire *irrégulière* (fig. 157 et 158).

La *corolle régulière* est *campanulée*, lorsqu'elle s'évase à sa base en forme de cloche; *infundibuliforme*, lorsqu'elle est conique supérieurement et qu'elle se termine inférieurement par un tube; *tubulée* (fig. 160), lorsque le tube est très-allongé et le limbe très-dilaté;

Fig. 158.—Corolle ir-régulière de la sca-bieuse.

Fig. 159.—Corolle personnée du muflier.

Fig. 160. — Co-rolle tubu-lée.

Fig. 161. — Corolle urcéolée d'une bruyère.

urcéolée (fig. 161), quand le bord du calice se resserre; *rotacée* ou *en roue*, lorsque le tube est très-court et le limbe plane évasé (fig. 162); *hypocratériforme* (fig. 163), lorsque le limbe est évasé et que ses bords sont relevés comme ceux d'une soucoupe; elle prend également les noms d'*étoilée*, de *globuleuse*, etc., etc., suivant la forme qu'elle présente.

La *corolle irrégulière* est *papilionacée* (fig. 164), lorsqu'elle présente cinq pétales inégaux qui, par leur disposition offrent quelque ressemblance avec un papillon dont les ailes seraient étendues; *labiée* (fig. 165), quand le limbe forme deux divisions principales, l'une inférieure et l'autre supérieure : ces divisions portent le nom de *lèvres*; *personnée* (fig. 159), quand les deux lèvres rapprochées forment une proéminence à laquelle on a trouvé de l'analogie avec un masque ou avec un mufle de veau. Dans ces sortes de corolles la division

Fig. 162. — Corolle rotacée de la bourrache.

Fig. 163. — Corolle hypocratériforme de la pervenche.

supérieure prend le nom de *casque*. Toute corolle monopétale irrégulière qui ne se rapporte pas aux précédentes est dite *anomale*.

Fig. 164. — Corolle papilionacée du pois.

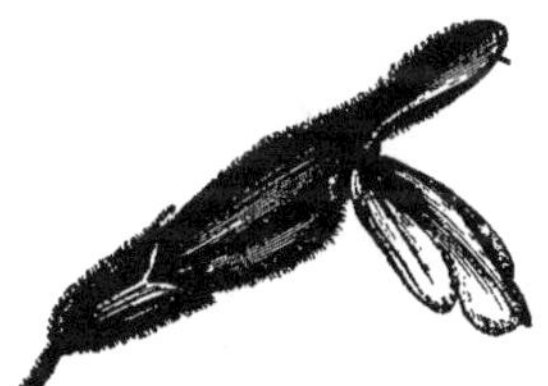

Fig. 165. — Corolle labiée de la sauge.

Fleur complète ou *incomplète*, suivant qu'elle est pourvue ou non de tous les organes qui peuvent entrer dans sa composition.

Fleurs doubles celles qui, par suite de la transformation des étamines et des pistils en pétales, offrent un plus grand nombre de pétales qu'elles n'en doivent avoir naturellement. Cependant on y distingue encore quelques pistils ou quelques étamines; *fleurs pleines*, celles qui

Fig. 166. — Calice régulier à cinq sépales libres de la lysimaque.

Fig. 167. — Calice tubuleux de l'œillet.

Fig. 168. — Calice irrégulier du ciste pourpre.

n'offrent plus que des pétales sans pistils ni étamines.

On appelle *nectaires* des corps glanduleux naissant sur

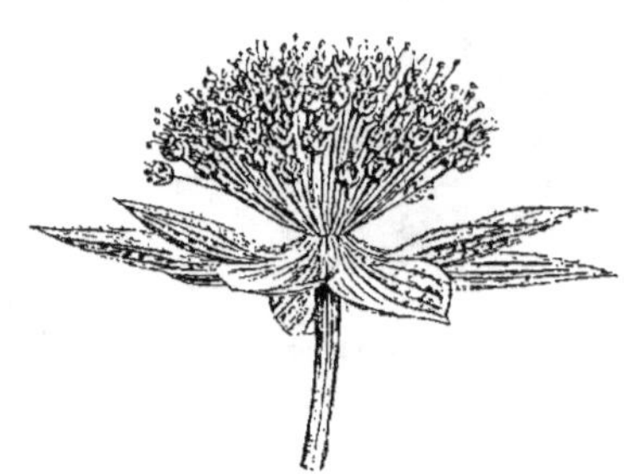

Fig. 169. — Calice éperonné du pied d'alouette.

Fig. 170. — Ombelle simple de l'*Astrantia helleborifolia*.

les pétales, les étamines, l'ovaire, et laissant suinter cette liqueur miellée, le nectar, qu'on trouve dans le fond de quelques fleurs.

La fleur est dite *sessile*, quand elle est portée immédiatement sur la tige, et *pédonculée* lorsqu'elle a un support nommé *pédoncule*, et vulgairement *queue de la*

Fig. 171. — Corymbe de l'aubépine.

fleur; quand le pédoncule paraît naître de la racine, il porte le nom de hampe; exemple, la jacinthe. La hampe

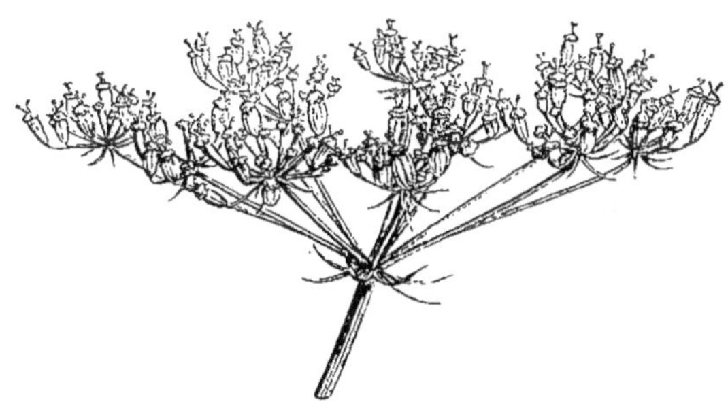

Fig. 172. — Ombelle composée de l'*Heracleum flavescens*.

se distingue de la tige proprement dite en ce qu'elle ne porte pas de feuilles.

4° Le *calice*, c'est l'enveloppe de nature foliacée qui entoure la corolle dans la fleur complète.

Le calice est *monosépale*, ou *monophylle* lorsqu'il est composé d'une seule pièce; on y distingue un *tube*, une *gorge*, un *limbe*.

Il est *polysépale* ou *polyphylle* lorsqu'il est composé de plusieurs pièces distinctes; on y distingue une *lame*, un *point d'attache* et des *bords*.

Le calice comme la corolle peut être régulier, irrégulier, tubuleux, urcéolé, etc., etc. (fig. 166, 167, 168, 169).

Relativement à l'ovaire, le calice est *adhérent* ou *libre*, selon qu'il fait corps avec lui, ou qu'il ne tient en aucune manière à cet organe.

L'*inflorescence* est la disposition des fleurs sur la tige.

Elle est : 1° *composée,* quand elle offre un assemblage de fleurs sessiles sur un réceptacle commun; chacune des petites fleurs porte le nom de *fleuron*.

2° En *ombelle*, quand tous les pédoncules partent d'un même point et arrivent à peu près à la même hauteur. — L'ombelle est *simple* (fig. 170), lorsque les pédoncules ne se ramifient pas; *composée* (fig. 172), lorsqu'ils se subdivisent en *pédicelles* portant de petites ombelles, ou *ombellules*. — Le *corymbe* (fig. 171) présente un pédoncule commun portant des pédicelles qui, bien que partant de points différents, arrivent à peu près à la même hauteur. — La *cyme* offre plu-

Fig.173.—Épi du plantain.

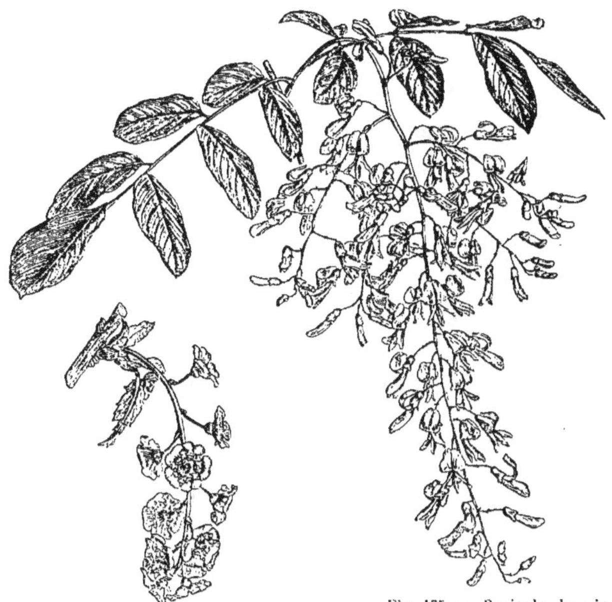

Fig. 174. — Grappe du
groseillier rouge.

Fig. 175. — Panicule du vir-
gilier à bois jaune.

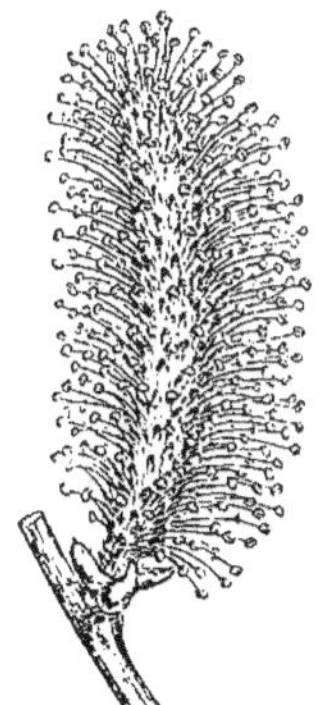

Fig. 176. — Chaton à
étamines du saule blanc.

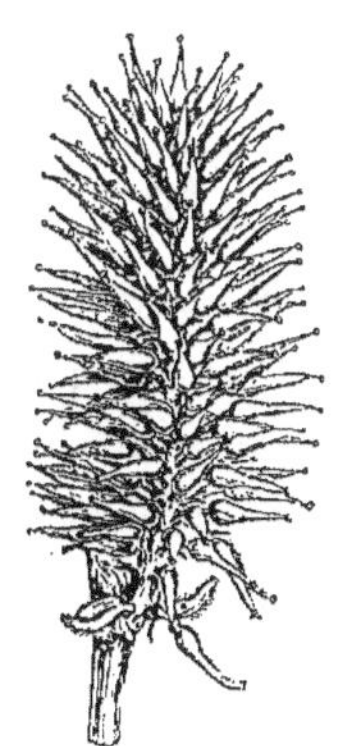

Fig. 177. — Chaton à
pistils du même saule.

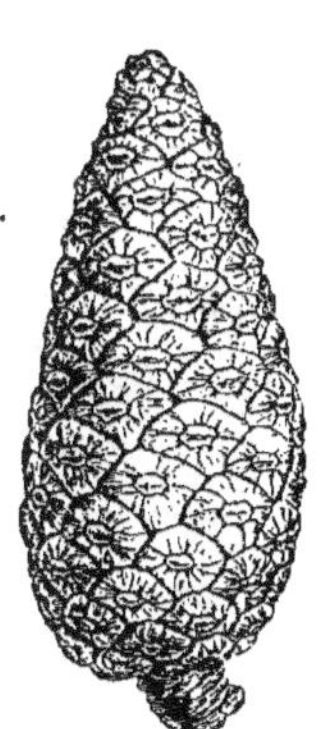

Fig 178. — Cône du
pin d'Alep.

26

sieurs pédicelles partant d'un centre commun, se ramifiant irrégulièrement quoique arrivant à la même
hauteur, ex. : le sureau.

3° En *épi* ou en *grappe*, quand les fleurs naissent
le long d'un pédoncule central qu'on nomme axe, sessiles ou à *pédicelles* plus ou moins courts. — On distingue l'*épi proprement dit* (fig. 173), assemblage de
fleurs sessiles ou portées sur de très-courts pédicelles le
long d'un pédoncule allongé, qu'on nomme *rachis* ou
rafle; ex. : le froment, le plantin. — La *panicule* (fig.
175), sorte d'épi dans lequel les pédicelles inférieurs
sont allongés et écartés de l'axe; ex. : l'avoine, etc.

La *grappe* (fig. 174) ne diffère de l'épi que par le développement considérable de ses pédicelles, qui s'écartent
de l'axe commun et s'allongent d'autant plus qu'ils
sont plus inférieurs; ils donnent à l'assemblage des
fleurs une forme pyramidale ou oblongue; ex. : le marronnier d'Inde. — On distingue le *thyrse,* espèce de
grappe composée, dans laquelle les pédicelles du milieu,
plus longs que ceux du bas et du sommet, donnent
ainsi à l'assemblage des fleurs une forme ovale; ex. : le
lilas. — Le *chaton* (fig. 176, 177), assemblage de petites feuilles ou d'écailles fixées le long d'un axe commun et portant à leur base les pistils ou les étamines;
ex. : le saule. — Le *cône* ou *strobile* (fig. 178) est
une espèce de chaton caractérisé par des écailles toujours ligneuses et imbriquées; ex. : le pin.

FRUIT.

Le *fruit*, dans le sens botanique est tout ovaire parvenu à sa maturité ; on y distingue :

1° Le *péricarpe*, partie du fruit sèche, membraneuse ou charnue qui sert d'enveloppe à la graine. Il est composé : de l'*épicarpe*, membrane mince qui enveloppe comme une sorte d'épiderme l'extérieur des fruits ; du *mésocarpe*, parenchyme ou enveloppe moyenne placée sous l'épicarpe, et qu'on nomme aussi *sarcocarpe*, *chair* du fruit, à cause de sa nature plus ou moins charnue ; de l'*endocarpe*, enveloppe immédiate de la graine, de consistance très-diverse, mince ou épaisse, quelquefois même osseuse ; il s'appelle alors le *noyau*. Le *péricarpe* est réduit dans quelques fruits à une lame si mince et tellement adhérente à la graine qu'il paraît manquer tout à fait ; on donne quelquefois le nom de *graines nues* à ces sortes de fruits.

2° La *graine*, partie interne du fruit qui renferme le rudiment d'une nouvelle plante ; on y distingue sous le nom de *téguments* : le *test* ou la *lorique*, pellicule ou membrane revêtant l'extérieur de la graine, ordinairement lisse, sèche et dure ; le *tegmen*, ou tunique interne, pellicule recouvrant immédiatement l'amande, plus mince que le test ; tantôt il est soudé avec lui, tantôt il en est distinct. (Quelques graines sont dépourvues de téguments) ; l'*amande*, formée de substance de nature variable et renfermant l'*embryon* ou *germe*.

Les *fruits* sont : ou *simples*, formés d'un seul ovaire ;
ou *composés*, formés de plusieurs ovaires.

BOURGEONS.

Le *bourgeon* est un corps formé par une nouvelle
pousse, commençant à poindre et
qui offre le germe d'un des organes
qui naissent sur la tige (feuilles ou
fleurs) ; on en distingue quatre espèces :

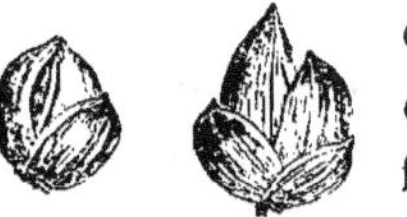

Fig. 179. — Bulbilles du lis
bulbifère.

La *bulbe*, ou bourgeon charnu,
globuleux, placé sur la racine, et qu'on
désigne ordinairement sous le nom d'o-
gnon.

Les *bulbilles* (fig. 179), petits tubercules analogues aux bulbes, et formés
comme elles d'écailles ou de tuniques
membraneuses, mais naissant toujours
sur la tige, dans l'aisselle des feuilles,
dans la fleur, dans les fruits même ; ex. :
le lis bulbifère.

Le *turion*, bourgeon naissant sur les
racines vivaces ou sur leurs tubercules ;
c'est ce que l'on mange dans l'asperge.

Le *bourgeon proprement dit*, organe fo-

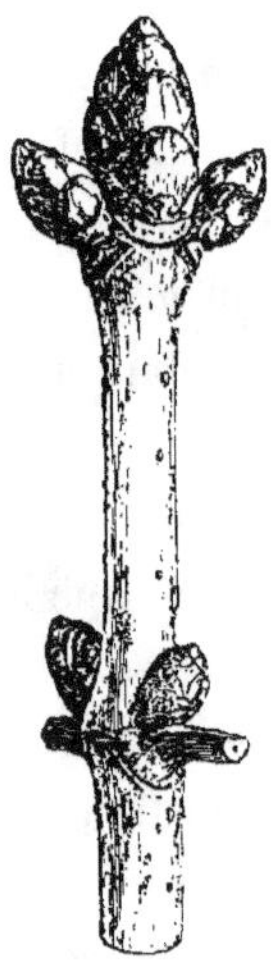

Fig. 180. — Marron-
nier d'Inde. Bour-
geons écailleux.

liacé, de forme plus ou moins conique,
souvent revêtu d'un enduit visqueux et d'é-
cailles (fig. 180) provenant de l'avortement des feuilles.
On distingue les bourgeons à feuilles, ils sont allongés et

pointus; les bourgeons à fleurs ou à fruits, ou *boutons*, ils sont courts et arrondis. On appelle *œil* le bourgeon qui commence à poindre.

ORGANES ACCESSOIRES DE LA NUTRITION.

Les *Glandes*, petites vésicules arrondies, qui contiennent une humeur particulière; elles se trouvent sur diverses parties des végétaux, principalement sur les feuilles et les fleurs.

Les *Épines* (fig. 181), prolongements ligneux, piquants qui proviennent de divers organes, soit avortés soit persistants, et qui en vieillissant se sont endurcis. — Elles peuvent provenir de branches avortées, de lobes, de feuilles endurcies, etc. Ainsi, la culture peut convertir les épines en branches dans le poirier sauvageon.

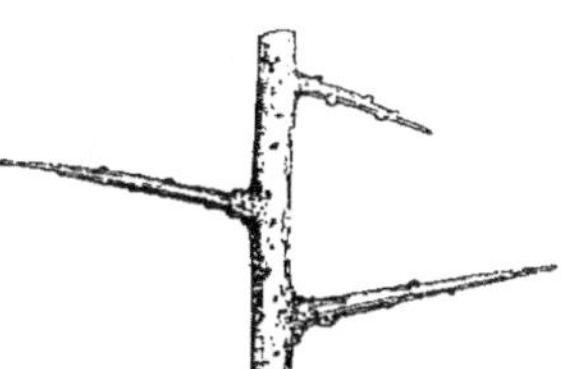

Fig. 181. — Épines du prunellier.

Les *Aiguillons* (fig. 182), organes analogues aux épines; ils en diffèrent en ce qu'ils sont les produits de l'écorce, tandis que les épines font partie du corps ligneux et ne peuvent être enlevées sans laisser de déchirure.

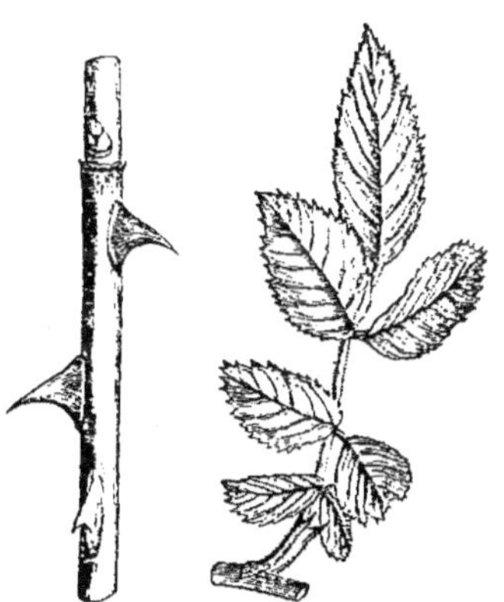

Fig. 182. — Aiguillons du rosier.

Fig. 183. — Rosier. Stipules soudées avec le pétiole.

Les *Poils*, aiguillons filiformes, soyeux, flexibles, assez
analogues aux poils des animaux; ils peuvent recouvrir
les diverses parties de la plante; en général ils servent
de canaux à des humeurs particulières, comme dans
l'ortie, par exemple.

La *Main* ou vrille (fig. 184), pédoncule ou pétiole ou
rameau atrophié, et qui s'est prolongé sous la forme d'un
filament délié; ex. : les *mains* de la vigne.

Fig. 184. — Vrilles du *Passiflora
edulis*, résultant d'un rameau atrophié.

Fig. 185. — Stipules du *Begonia argyrostigma*.

Griffes, suçoirs, etc. Appendices qui s'enfoncent comme
des racines dans les corps autour desquels grimpe la
plante; ex. : le lierre grimpant.

Stipules, petits appendices qu'on rencontre au point
d'origine des feuilles sur la tige : elles sont ordinairement au nombre de deux, une de chaque côté du pétiole, quelquefois solitaires, situées à l'aisselle du pétiole (fig. 183 à 185).

VIE DE LA PLANTE.

Les principes nutritifs puisés dans le sein de la terre par les racines, et réunis dans la séve, s'élèvent jusqu'aux dernières feuilles en traversant les vaisseaux des couches ligneuses, et acquièrent ainsi des propriétés nouvelles. La séve ralentit son cours, et séjourne plus longtemps dans les parties de la plante qui affectent une direction inclinée. C'est de ce fait que découle la théorie de la taille dans les arbres fruitiers, et le soin que prennent les horticulteurs de courber les branches afin d'obtenir un plus grand développement des bourgeons. Le mouvement de la séve est constant, son énergie est en rapport direct avec l'élévation de la température.

Parvenue dans les feuilles, la séve y subit une élaboration particulière, qui résulte de l'action de l'air et de la lumière sur ses organes, et sur toutes les parties vertes en général; c'est ce qui constitue ce que l'on appelle la *respiration des plantes*.

Pendant la nuit les végétaux absorbent l'oxygène de l'air, le gaz se combinant au carbone qui entre dans la composition de la séve, le convertit en gaz acide carbonique. Pendant le jour une action contraire a lieu, l'acide carbonique se décompose sous l'action de la lumière, l'oxygène est exhalé et la plante s'incorpore le carbone. Cette opération ne pouvant avoir lieu dans l'obscurité, les plantes s'y *étiolent*, c'est-à-dire qu'elles deviennent plus blanches, plus tendres, plus aqueuses, plus maigres, plus faibles. Il résulte de la *respiration* des végétaux qu'ils vicient l'air pendant la nuit et qu'ils le purifient durant le jour.

Un autre phénomène que présentent les plantes, les feuilles principalement, c'est la *transpiration*. La séve abandonne une partie de l'eau qu'elle contient. Cette eau s'exhale en vapeurs insensibles quand elle est en quantité modérée ; mais souvent aussi on la voit former sur les feuilles des gouttelettes qu'il ne faut pas confondre avec a rosée.

La séve n'est réellement propre à la nutrition du végétal qu'après avoir été élaborée dans les feuilles. Dans ce nouvel état, elle forme un liquide visqueux appelé e *cambium*, dont les propriétés diffèrent suivant l'espèce à laquelle il appartient : il est jaunâtre dans le pavot, laiteux dans les euphorbes, etc. — La moelle, qui a une grande analogie de structure avec le parenchyme des feuilles, semble destinée à les suppléer dans les jeunes pousses et à faire subir à la séve une élaboration particulière.

Le cambium suit une direction inverse à celle de la séve ; il se dirige des feuilles vers la racine, entre l'aubier et le liber. Peu à peu il s'épaissit, s'organise et forme enfin deux couches distinctes, l'une d'aubier, l'autre de liber.

Les vaisseaux qui servent à la circulation dans les végétaux, finissent par s'obstruer avec l'âge, et les couches ligneuses, presque mortes dans le centre du tronc, ne continuent à végéter d'une manière sensible que dans les couches les plus extérieures d'aubier.

Chaque plante donne des sucs qui lui sont propres, et qui résultent de l'élaboration de la séve. Ces sucs

sont sécrétés par des glandes ou par des vaisseaux particuliers. C'est dans leurs qualités diverses que les végétaux puisent la plupart des propriétés qui les distinguent
comme aliments, poisons, remèdes, et on les désigne
sous les noms d'*huiles volatiles*, huiles grasses, gomme,
sucre, résine, fécule, etc.

Si nous voulions suivre ici les lois qui président à la
vie de la plante, que d'enseignements ne pourrions-nous
pas y puiser pour notre propre conservation, mais cela
demanderait un travail plus étendu et d'un autre genre
que celui qui nous occupe dans cet ouvrage.

Fig. 186. — Bégonia rex.

TABLE ALPHABÉTIQUE DES GRAVURES.

I. HISTOIRE DES PLANTES.

II. ANALYSE DE LA PLANTE.

FIN DE LA TABLE DES GRAVURES.

TABLE DES MATIÈRES.

FIN DE LA TABLE DES MATIÈRES.